第 1 章

Java 语言

本章重点

- 认识各代程序设计语言的特性
- 了解编译型语言与解释型语言
- 学习面向对象程序设计全新概念
- Java 语言的特色与优点
- Java 环境的建立
- 编写第一个 Java 程序

Java 语言原名为 Oak，源自 1991 年美国 Sun 公司的 GREEN 计划，不过这个计划并未受到消费者的青睐，反而意外地搭上 1993 年因特网兴起的浪潮，于是在 1995 年，Sun 公司正式对外界发表并改名为 Java。初期以能在浏览器上执行的 Java 小程序（Applet）备受瞩目，但随着 Java 开发群体的壮大，Java 也逐渐在各个领域发展壮大。Java 是新一代面向对象程序设计的高级语言，具有“支持 Web”的功能，常被应用于专业级 Web 应用开发和移动应用开发，并成为企业构建 Web 数据库的最佳开发工具。

1.1 什么是程序设计语言

程序设计语言发展的历史已有半个世纪之久，种类不少，如果包括实验、教学或科学研究的相关用途，问世的程序设计语言可能有上百种之多，由早期的机器语言发展至今，已经迈入第 5 代自然语言，不过每种语言都有其发展的背景及目的。

程序设计语言是一种人类用来和计算机沟通的语言，也是用来指挥计算机运算或工作的指令集合，可以将人类的思考逻辑转换成计算机能够了解的语言。每一代语言都有其特色，任何一种语言都有其专用的语法、特性、优点及相关应用的领域。按照其发展演变过程，分类如图 1-1 所示。

图 1-1

下面分别认识各代程序设计语言的特性。

1.1.1 机器语言

机器语言（Machine Language）是早期的程序设计语言，任何程序在执行前都必须被转换为机器语言，由 1 和 0 两种符号构成。机器语言写法如下：

```
10111001（设置变量 A）
00000010（将 A 设置为数值 2）
```

不过计算机制造商往往因为计算机硬件设计的不同而开发不同的机器语言。这样不但使用不方便、可读性低，也不易于维护，并且不同机器平台的编码方式也不尽相同。

1.1.2 汇编语言

汇编语言（Assembly Language）指令比机器码指令看起来稍有“意义”一些，但与机器语言仍然是一对一的对应关系，因此与机器语言一样被归类为低级语言，只是它在编写上比机器语言容易多了。每一种系统的汇编语言都不一样，就PC而言，用的是80×86的汇编语言。例如，MOV指令代表设置变量内容，ADD指令代表加法运算，SUB指令代表减法运算。汇编语言写法范例如下：

```
MOV  A , 2   (将变量A的数值内容设置为2)
ADD  A , 2   (将变量A加上2后，将结果再存回变量A中，如A=A+2)
SUB  A , 2   (将变量A减掉2后，将结果再存回变量A中，如A=A-2)
```

1.1.3 高级语言

对一般人来说，纯粹用汇编语言完成一个程序仍然是一件相当困难的事情。所谓高级语言，就是比汇编语言的语句更容易看懂的程序设计语言。高级语言的指令和语句更接近日常生活中常使用的文字或符号，我们编程时所需要做的就是变量声明以及程序流程的控制。例如，Fortran语言是世界上第一个开发成功的高级语言，更是历久弥新，现在仍有许多研究机构用来解决工程与科学计算上的问题。早期非常流行的Basic语言易学易懂，非常适合初学者了解程序语言的工作方式。目前流行的高级语言有C、C++、Java、Visual Basic、Python。

用高级语言编写而成的程序代码必须经过编译器或解释器翻译为计算机能解读与执行的机器语言，称为执行文件，才能被CPU执行。因此从高级语言转换的方式来看，可以分为编译型语言与解释型语言两种。

1. 编译型语言

在程序开始执行前，编译型语言必须使用编译器（Compiler）来将源代码程序转换为机器可读取的可执行文件或目标程序，不过编译器必须先把源代码程序读入主存储器后才可以开始编。编译后的目标程序（object file）可直接对应成机器码，故可在计算机上直接执行，不需要每次执行都重新“翻译”，执行速度自然较快。例如，C、C++、Pascal、Fortran、Java 语言都属于编译型语言。

2. 解释型语言

在程序开始执行前，解释型语言的源代码程序可以通过解释器（Interpreter）将程序一行接一行地读入，逐行“解释翻译”并交由计算机执行，如果在解释的过程中发生错误，就会立刻停止，不会产生目的文件或可执行文件。由于每次执行时都必须再“解释”一次，因此执行速度较慢，效率也较低，例如 Basic、LISP、Prolog、Python 等语言都采用解释执行的方法。

1.1.4 非过程性语言

“非过程性语言”（Non-Procedural Language）也称为第 4 代语言（Fourth Generation Language，4GL），特点是编程者不必描述数据存储的细节，只需要将步骤写出来，且不必管计算机如何执行，也不需要理解计算机的执行过程，这种语言减轻了用户设计程序的负担。例如，数据库的结构化查询语言（Structural Query Language，SQL）就是一种第 4 代语。SQL 语言写法范例如下：

```
DELETE FROM employees
  WHERE employee_id = 'C800312' AND dept_id = 'R01';
```

1.1.5 人工智能语言

人工智能语言称为第 5 代语言，或称为自然语言（Natural Language），是程序设计语言发展的终极目标，为用户提供以一般人类语言的语句直接和计算机进行对话，向计算机发出问题，而不必考虑程序的语法与规则，所以自然语言必须有人工智能（Artificial Intelligence，AI）技术的发展作为保障。

1.2 面向对象程序设计概念

面向对象程序设计（Object-Oriented Programming，OOP）是一种全新的程序设计概念，主要精神是将存在于日常生活中举目可见的对象（object）概念应用在软件设计的开发模式中，以一种更生活化的设计概念来进行程序设计和软件开发，重点是强调程序代码的可读性（Readability）、可重复使用性（Reusability）与扩展性（Extension）。

什么是对象与类

在现实生活中充满了各种形形色色的物体，每个物体都可视为一种对象。任何面向对象程序设计方法中最主要的单元都是对象（Object），我们可以通过对象的外部行为（behavior）及内部状态（state）模式来进行详细的说明和描述。行为代表此对象对外所显示出来的运行方法，状态则代表对象内部的各种属性，如图 1-2 所示。

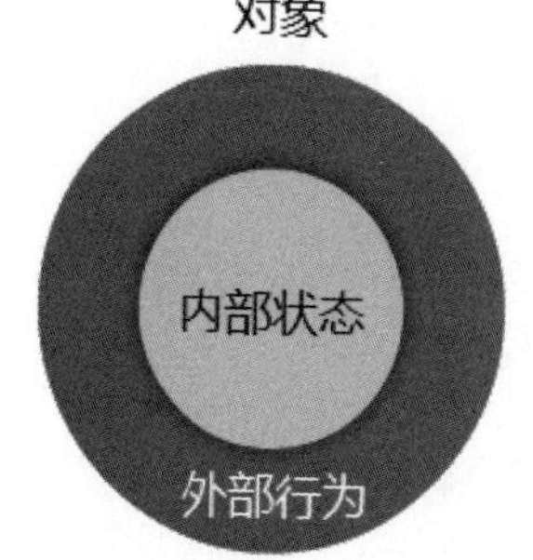

图 1-2

对象可以看成是一种抽象概念或具体的东西，其中包括“属性”（Attribute）与相关的“方法”（Method）。“属性”用来描述对象的基本特征与其所属的性质，就是对象的静态外观描述。例如，一个人的属性可能会包括姓名、住址、年龄、出生年月日等，或者是一辆汽车引擎的马力、排气量等。“方法”则是对象的动作与行为，指对象中的动态响应方式，例如车子可以开动、停止、加速、减速等。

通常对象并不会凭空产生，它必须有一个可以依据的原型（Prototype），而这个原型就是一般在面向对象程序设计语言中的“类”（Class）。类是具有相同原型及行为的对象集合，是许多对象共同特征的描述。例如小明与小华都属于“人类”这个类，他们都有出生年月日、血型、身高、体重等类的属性。以汽车为例来说明，汽车有很多品牌，如宝马、奔驰、大众、雪铁龙、丰田等，它们都属于汽车类。

在类中包含“属性”和“方法”，这些属性和方法都可以提供给此类的对象使用。简单地说，对于类与对象之间的关系，可以将“类”看成是“对象”的模型、模块，“对象”则是“类”实际制作后的成品，如图 1-3 所示。当我们创建一个类后，要使用类所定义的属性与方法，必须通过对象，因为类是一个蓝图，对象是蓝图所产生的实例（instance），唯有通过实例才能使用所定义的类。

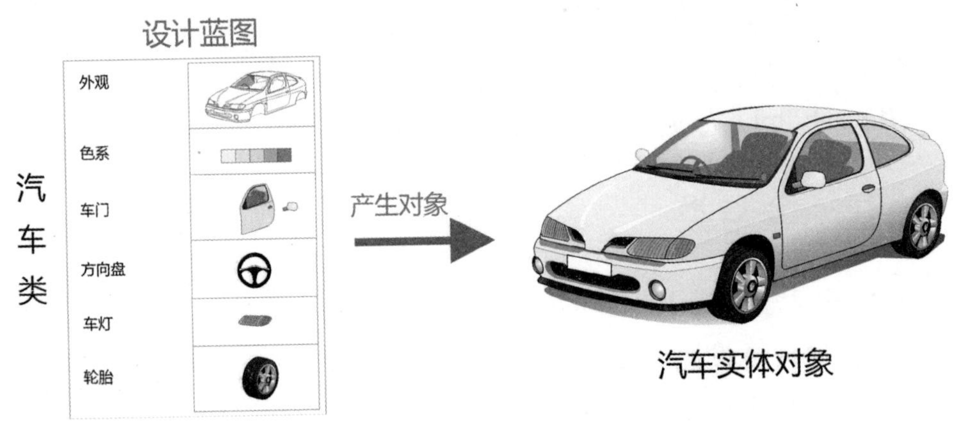

图 1-3

在面向对象程序设计中，可以通过类的继承行为来定义一个新的类以继承现有的类。在继承关系中，被继承者称为“基类”或“父类”，而继承者则称为“派生类”或“子类”，如图 1-4 所示。

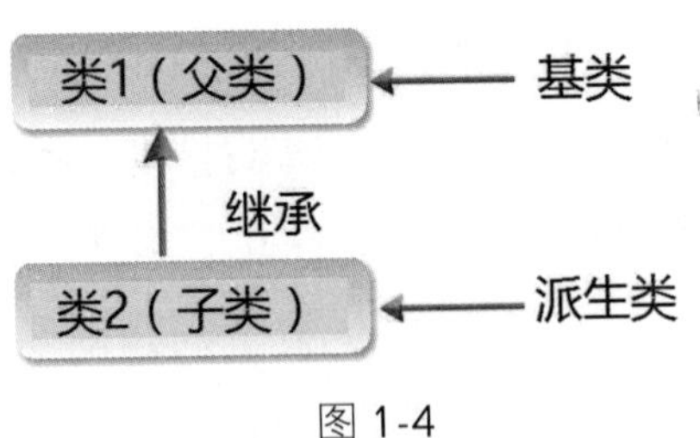

图 1-4

继承（Inheritance）除了可重复使用之前所开发过的类之外，最大的好处在于维持对象的封装性（Encapsulation），因为继承时不容易改变已经设计完整的类，这样可以减少继承时类设计发生错误。

注意

封装是一种信息隐藏（Information Hiding）的重要概念，也就是将对象的数据和实现的方法等信息隐藏起来，让用户只能通过方法主题（Method）来使用对象本身，而不能更改对象里所隐藏的信息。例如，许多人都不了解汽车的内部构造等信息，却能够通过汽车提供的油门和刹车等轻而易举地驾驶汽车。

1.3 认识 Java

Java 的语法与风格十分接近 C/C++ 语言，除了保持有 C++ 语言面向对象技术的核心外，舍弃了 C++ 中容易引起错误的指针，同时拥有跨平台、面向对象程序设计语言等特性。随着因特网应用程序的发展，Java 语言现在已经超越了 C/C++ 语言，成为热门的网络开发语言之一，主要用于因特网系统上应用程序的开发，范围涵盖因特网、网络通信、电子商务、手机游戏以及智能的通信设备传输系统。

1.3.1 Java 的特色与优点

Java 是一种融合了面向对象程序设计概念的高级语言，经过多次版本修正、更新后，逐渐成为一种功能完备的程序设计语言。Java 语言能够如此受欢迎，主要是因为它拥有相当多的特色，下面就为大家简单说明 Java 的主要特色与优点。

1. 简单性

Java 语法源于 C++ 语言，因此它的指令和语法十分简单，删除了许多不容易理解和容易让人混淆的 C++ 功能，只要你能了解简单英文单词与语法的概念，就能进行程序设计并完成运算处理的工作；同时 Java 语言采用垃圾回收机制（Garbage Collection），对于程序中不再使用的资源，系统会自动释放其占用的内存空间，减少程序设计者自行管理内存资源不足的困扰。

2. 跨平台性

在 Java 出现前，一套程序要在 Windows 和 Linux 上执行，必须分别编写两种不同平台的版本，到 Java 出现后，能够轻易地实现跨平台的目标。简单来说，Java 的程序代码不受制于任何一个硬件平台，只要一次编译，每种平台都可以执行。使用 Java 程序可以在编译后不必经过任何更改就能在任何硬件设备下执行。无论是任何操作系统或硬件平台，只要搭载了 Java 的虚拟机（Java Virtual Machine，JVM）运行环境，即可执行编译后的 Java Bytecode（字节码）。JVM 就是 Java 字节码文件的虚拟操作系统。对于 Java 程序而言，其实它只认识 JVM，字节码文件也就是它的可执行文件。在编写 Java 程序时，要先编写一个扩展名为 *.java 的纯文本文件，经过编译器编译后，会变成 *.class 的字节码，JVM 负责加载相关的 Java 类（*.class），而主要的执行则通过公用程序“java.exe”以解释方式执行。

注意

Java 程序代码必须通过内建的公用程序“javac.exe”来进行源代码的编译，并将其编译成 Java 运行环境可识别的字节码（Bytecode），它是一种虚拟的机器语言，JVM 虚拟机会把它转换成当前所处硬件平台的源代码。

3. 严谨性

Java 程序是由类与对象所组成的，编程人员可将程序分割为多个独立的代码段，并将相关的变量与函数写入其中，相当严谨地分开处理程序的各种不同执行功能，而且 Java 运行环境也采取了一些安全措施来保护程序不受攻击，舍弃了 C/C++ 中一些较少使用、难以掌握或可能不安全的功能。

4. 例外处理

例外（Exception）是一种运行时的错误，在传统的计算机语言中，当程序发生错误时，必须自行编写程序来进行错误的处理。不同于其他高级语言，Java 会在运行期间发生任何错误的时候自动抛出例外对象进行相关的处理工作。Java 对例外捕捉的构想是让程序员使用完全不同的方式描述例外的捕捉，可将程序代码的主要执行控制权转移至这些负责处理错误的程序代码中，以“专区专责”的方式解决程序运行时可能造成的错误。

5. 多线程

多线程是在每一个进程（Process）中包含多个线程（Thread），可以将程序分割成一些独立的工作，也就是让这些程序可以同时处理两件以上的事情，例如可以一边打印文件，一边继续从网络上传送文件，如果运用得当，多线程程序可以大幅度提升系统运行的性能，真正达到同一时间执行多个程序。

1.3.2 Java 环境的下载与简介

Java 的开发工具分成“JDK”和“IDE”两种：JDK 是一种“简易”的程序开发工具，仅提供编译（Compile）、运行（Run）和调试（Debug）功能；而集成开发环境（Integrated Development Environment，IDE）集成了编辑、编译、运行、测试和调试功能，例如常见的 Borland Jbuilder、NetBeans IDE、Eclipse、Jcreator 等都是 Java 的不同集成开发环境。

本书中范例程序的运行将采用 IBM 公司所研发的 Eclipse 软件，它是一套开放源码的 Java IDE 工具，此软件集成了编译、运行、测试和调试功能。

1.3.3 JDK 的安装与设置

由于 Java 支持各种操作系统，因此大家需要按照自己使用的操作系统来下载对应的安装程序。目前，大部分的开发环境必须另外自行安装 JDK，不过也有部分集成开发环境在安装时会一同安装 JDK。下面以 Windows 10 操作系统平台来示范 JDK 9（Java SE Development Kit 9）的安装过程，首先必须到 Java 的官方网站（http://www.oracle.com/technetwork/java/index. html）下载最新版的 JDK，如图 1-5 所示。

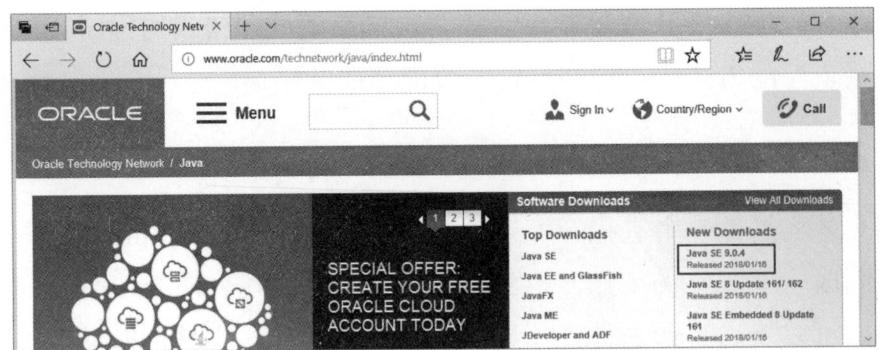

图 1-5

接着进入 Java SE Downloads 页面，单击图 1-6 中的“Java DOWNLOAD”按钮后，会被问到是否接受授权协议（Accept License Agreement），记得选择接受授权协议，才会出现各种版本的安装程序，按照自己的操作系统环境的需求选择所需的版本进行下载即可。

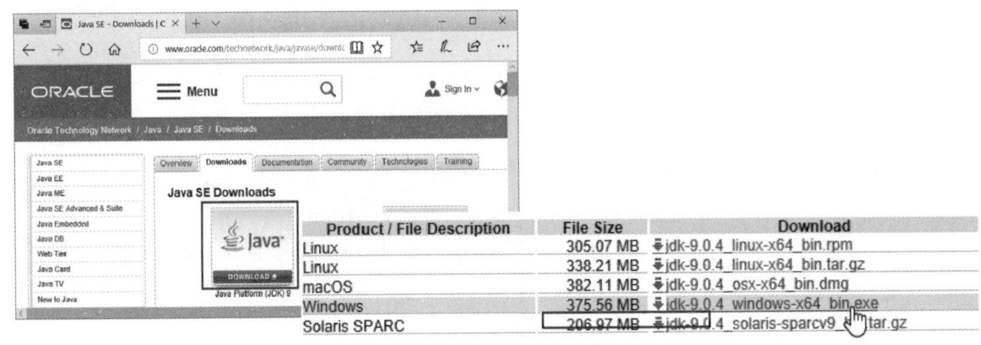

图 1-6

从网站下载最新版的 JDK 后，就可以开始进行 JDK 9 的安装了（见图 1-7），安装过程中建议使用默认值。

安装过程需要几分钟，大家需耐心等候，当出现安装完成的界面时，单击“关闭”按钮就可以完成 JDK 的安装。

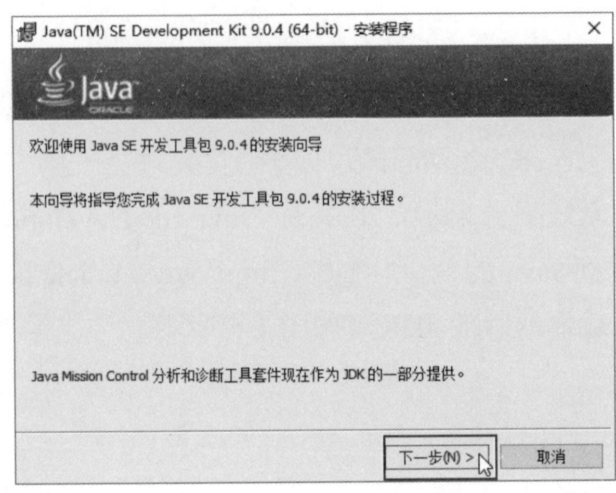

图 1-7

1.3.4 Eclipse 工作环境

早期编写 Java 程序时必须使用文本编辑软件，例如记事本或 WordPad，并将其保存成文本文件，再到“命令提示符”环境下编译与执行 Java 程序，这种方式在程序输入过程中容易发生错误，执行过程也较为繁复，程序调试上也不方便。因此建议采用 IDE 软件，下面将开始介绍 Eclipse 的功能。

在网址 http://www.eclipse.org/downloads/eclipse-packages/ 对应的网页提供了两种版本的 Java Eclipse IDE 供用户下载，其中 Eclipse IDE for Java Developers 是供 Java 开发者使用的，如图 1-8 所示。

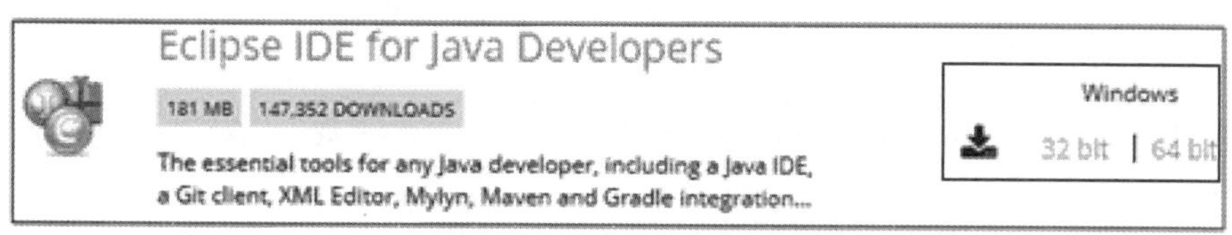

图 1-8

大家可按照自己所安装的操作系统类型（32 位或 64 位操作系统）下载所需的版本，例如下载“Eclipse IDE for Java Developers”→“Windows 64 Bit”，下载完文件后，进行解压缩，就可以在产生的文件夹中看到 Eclipse 执行文件。当启动 Eclipse 执行文件后，会先要求创建工作目录，用户可以利用“Browse”按钮选择工作目录的路径，如图 1-9 所示。

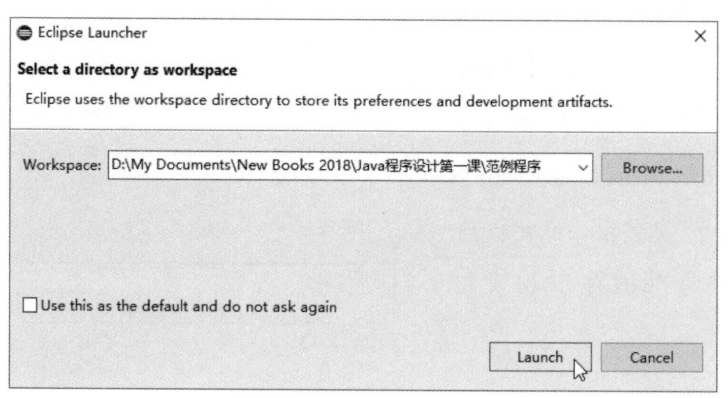

图 1-9

当我们确定工作目录后，接着单击“Launch”按钮后，会进入欢迎窗口，如果取消勾选“Always show Welcome at start up”（每次启动都显示欢迎窗口）复选框，如图 1-10 所示，下次就不会再出现了。

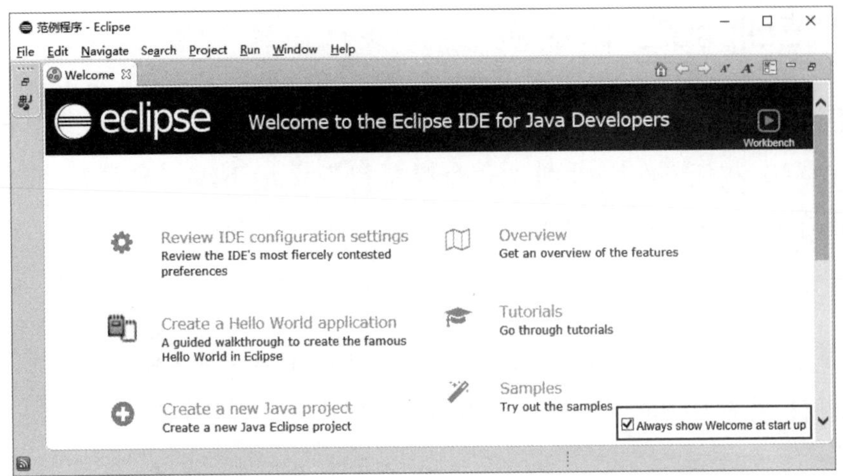

图 1-10

在图1-10中，单击右上角的“Workbench”（工作台）按钮，就会进入“Eclipse”的主程序窗口。

1.4 第一个 Java 程序

下面来创建第一个 Java 程序，依次选择“File/New/Java Project”菜单选项，接着设置项目名称，例如此处输入“ch01”。如图 1-11 所示，我们设置“Project layout”选项为“Use project folder as root for sources and class files”，这个选项会将 Java 程序代码及类文件全部放在项目文件夹内。

单击“Finish”按钮后，在编辑器左侧就可以看到“ch01”项目名称，如图 1-12 所示。

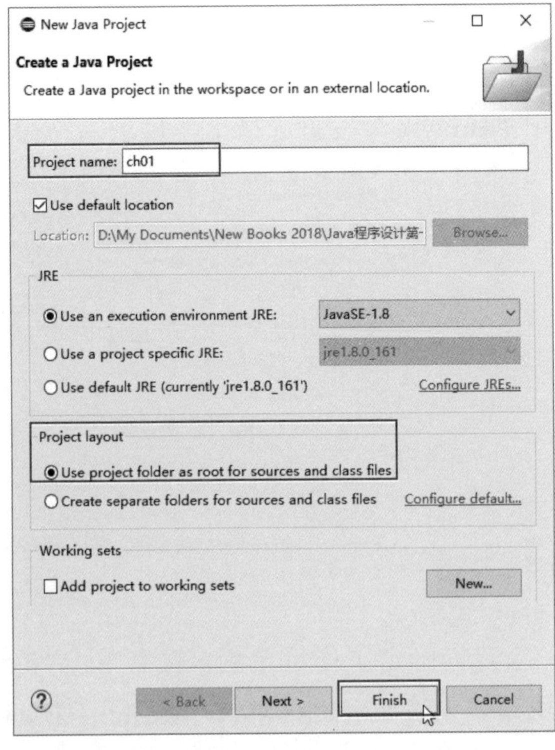

图 1-11

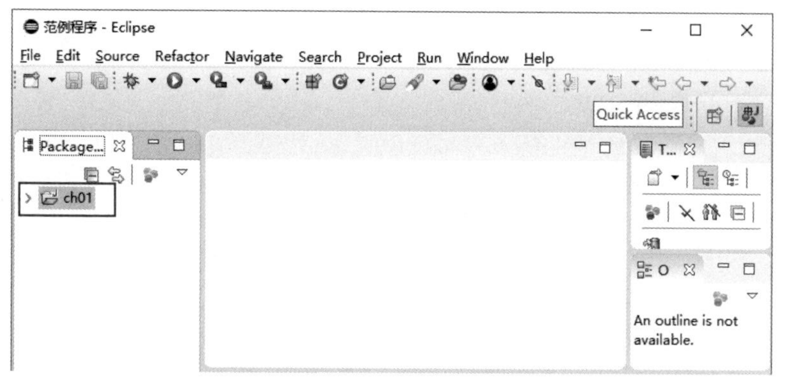

图 1-12

再加入一个类（Class），右击“ch01”目录名称，依次选择“New/Class”选项，如图 1-13 所示。

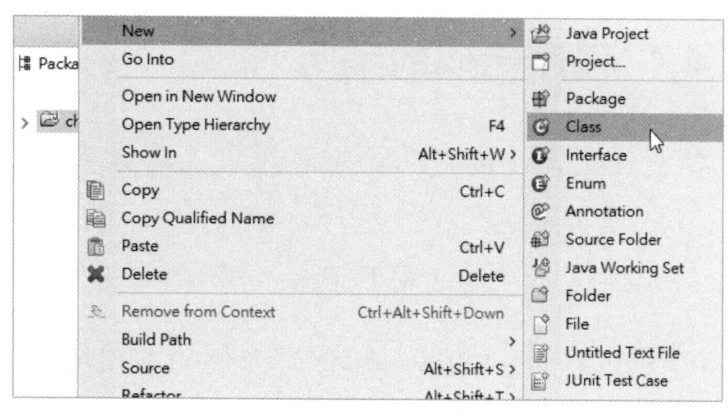

图 1-13

接着会弹出“New Java Class”设置窗口，在“Name”字段填入“CH01_01”类名称（Class Name），最后单击“Finish”按钮，如图 1-14 所示。

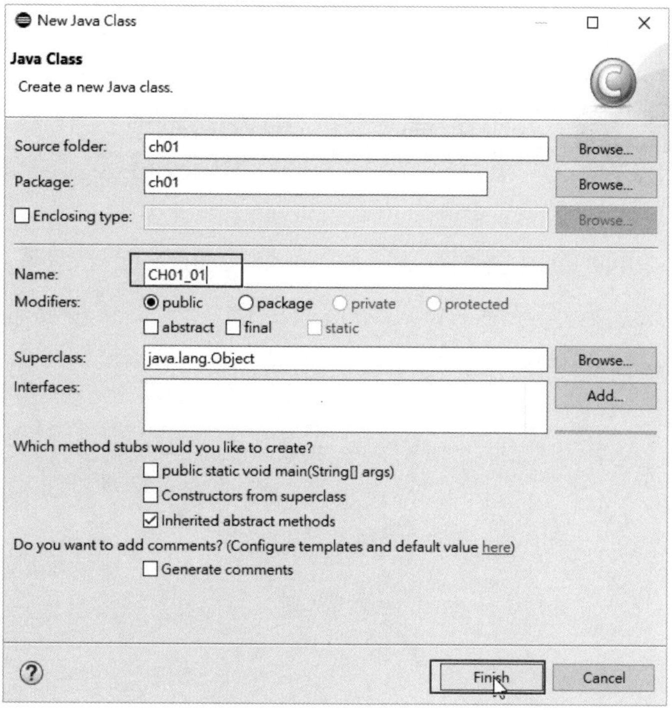

图 1-14

完成上述操作后，我们可以发现项目目录下多了一个“ch01”目录，在该目录下可以看到刚才新建的类文件“CH01_01.java”，如图 1-15 所示。

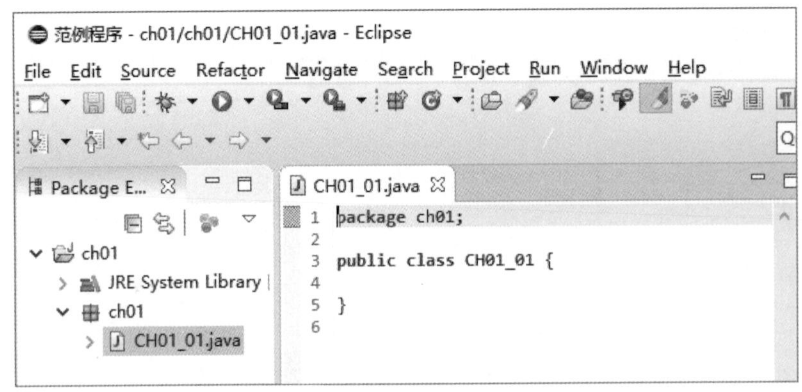

图 1-15

1.4.1 程序代码的编写

对于程序设计语言的初学者来说，讲太多语法理论不会有太多帮助，最快的方法是实际运行一个程序，这样最能体会其中的奥妙。接下来我们带领大家从无到有地学习使用 Eclipse 编辑器来编写与执行第一个 Java 程序。

我们可以发现 Eclipse 拥有可视化的窗口编辑环境，会将程序代码中的指令或注释分别标示成不同的颜色，这个功能让程序代码的编写、修改或调试容易得多。接着我们在 Eclipse 的程序编辑区中一字不漏地输入 Java 程序代码。

我的第一个 Java 程序

【范例程序：CH01_01.java】

下面的范例程序是一个完整的 Java 程序结构，每行程序代码之前的行号只是为了方便后面程序代码的解说，大家不要输入编辑器中。另外，记住 Java 语言是区分英文字母大小写的。

```
/* 文件 :CH01_01*/

// 程序公有类
package ch01;

public class CH01_01 {
        // 主要执行区块
```

```
        public static void main(String[ ] args){
        // 程序语句
        System.out.println("我的 Hello World 程序！");
        }
}
```

上述程序在 Eclipse 的程序编辑区中的样子如图 1-16 所示。

```
*CH01_01.java
/*文件: CH01_01*/

//程序公有类
package ch01;

public class CH01_01 {
    //主要执行区块
        public static void main(String[ ] args){
        //程序语句
        System.out.println("我的Hello World程序!");
        }
}
```

图 1-16

如果这个文件是全新文件，而且尚未存盘，那么编辑器会提醒你先将该文件存盘，如图 1-17 所示。

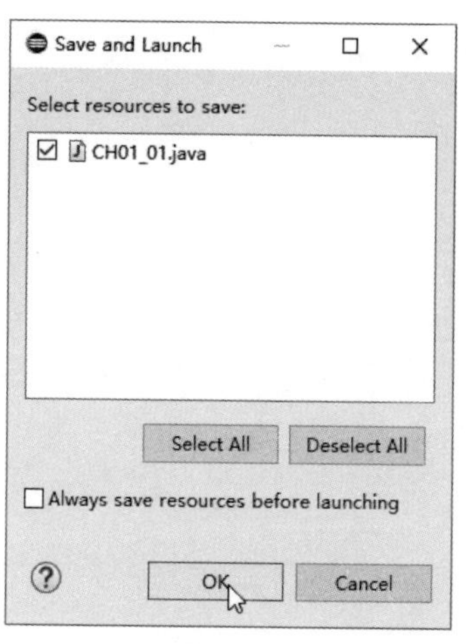

图 1-17

1.4.2 程序代码的编译与运行

程序编写完毕后，在 Eclipse 中依次选择“Run/Run As/Java Application”菜单选项，之后可以在编辑器下方看到该程序的运行结果，如图 1-18 所示。

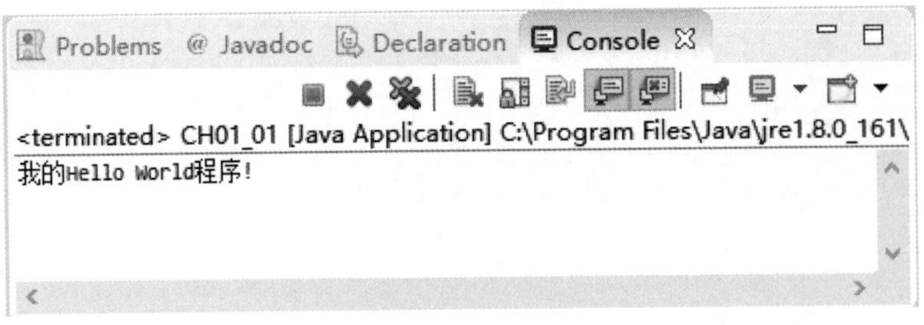

图 1-18

1.4.3 程序的调试

调试（Debug）是编程者在编写程序时遇到的“家常便饭”，如果写完一个程序完全没有任何错误，那才真的奇怪。通常程序的错误可以分为语法错误与逻辑错误两种。

语法错误是指编程者未按照 Java 的语法与格式编写，造成编译器解读时所产生的错误。我们发现编译时会自动查错，并在下方显示出错误信息，让我们可以清楚地知道错误的语法，只要根据所提供的修改建议加以改正，再重新编译即可。例如下面程序中的 Println 指令，如果输入成 Println 指令，就会出现错误，因为 Java 指令是区分字母大小写的，如图 1-19 所示。

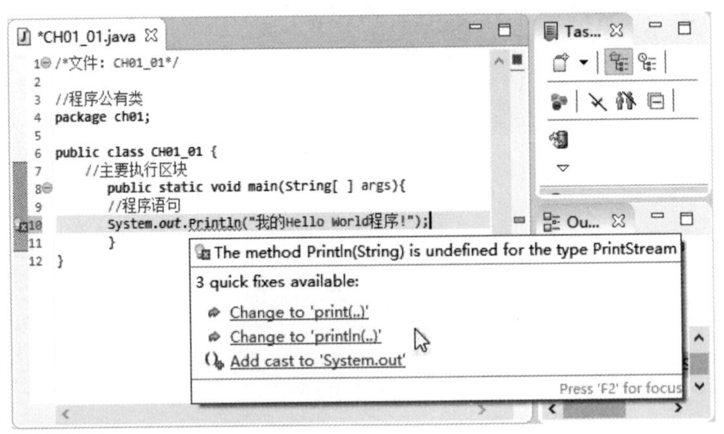

图 1-19

如果是程序逻辑上的错误，那么表面上可以正常编译通过，但在执行时却无法得到预期的结果。对于这种错误类型，编译器无法直接告诉我们错误在哪里，因为我们所编写的程序代码完全符合 Java 的规定，只是程序内在的逻辑有错误，遇到这种情况，通常必须逐行检查程序代码，抽丝剥茧地找出问题所在。

1.5 Java 程序的基本结构

由于 Java 程序的编写方式采用自由格式（free format），也就是只要不违背基本语法规则，就可以自由安排程序代码的位置。每一行程序语句（statement）以“;”（分号）作为结尾与分隔，即我们可以将一条语句拆成好几行，或者将好几行语句放在同一行。在同一行语句中，对于完整不可分割的单元称为特定字符（token），两个特定符号之间必须以空格符、制表符（Tab）或换行符来分隔。

对于完全不懂 Java 语言的读者，只要学过任何一种程序设计语言，看到范例程序 CH01_01.java 应该大致可以猜出它的用途，它只是要输出“我的 Hello World 程序！”这句话。接下来将简单说明 CH01_01.java 范例程序中的 Java 语句与结构。

```
/* 文件 :CH01_01*/

// 程序公有类
package ch01;

public class CH01_01 {
        // 主要执行区块
            public static void main(String[ ] args){
            // 程序语句
                System.out.println("我的Hello World程序!");
            }
}
```

1.5.1 main() 函数

main() 函数是 Java 中一个相当特殊的函数，又称为 Java 的“主函数”，任何 Java 程序开始执行时，无论 main() 函数在程序代码中的什么位置，一定都会先从 main() 函数开始执行。CH01_01.java 范例程序中 main() 函数的本体是从第 08 行的左大括号“{”开始的，到第 11 行的右大括号“}”结束的。注意，在右大括号“}”之后，无须再加上“;”作为结尾。在第 08 行中，main() 函数之前的 void 表示 main() 函数没有返回值。

1.5.2 System.out.println 函数与注释

在第 10 行中调用了 System.out.println 这条指令，是 Java 语言的主要输出函数，它会将括号中引号“ ”内的字符串输出到屏幕上，而其中的“System.out.println”则是一种具有换行功能的指令，即告诉编译器在输出指定字符串之后必须换行，我们会在屏幕上看到光标移到下一行的开始。另外，在 Java 程序设计中，每一行程序代码编写完毕后，在最后必须加入分号“;”来代表此行程序语句结束。假如忽略了加入分号，就会发生编译错误。

第 01 行中 /* 文件 :CH01_01*/ 是 Java 多行注释（comment）的方式。在 Java 中，主要是以“/*”与“*/”记号来标记注释的文字，“/*”和“*/”比较适合用于多行或需要有详细说明文字的注释。编译器不会对这些文字进行编译，它们可以出现在程序的任何位置，注释也能够跨行使用，例如：

```
/*
    文件 :CH01_01
*/
```

编译程序不会对这些文字进行编译

注释的作用不仅可以帮助其他程序设计人员了解内容，在日后对程序进行维护与修订时，也能够省下不少时间成本，因为程序更具有可读性。另外，Java 还有另一种单行注释方式，就是“//”，较适合进行单行或简短的程序注释，例如：

```
// 文件 :CH01_01
```

1.6 综合范例程序——学生学籍信息的输出

从本章的讲述中，大家应该可以了解 Java 语言的发展状况、特色以及如何开始设计一个简单的 Java 程序。下面设计一个 Java 程序，输出以下三个

学生的学籍资料。

```
周大源 003001 高一（1）班
陈明华 003041 高一（2）班
王程志 002145 高二（3）班
```

执行结果 如图 1-20 所示。

```
Problems  @ Javadoc  Declaration  Console
<terminated> CH01_02 [Java Application] C:\Program Files\Java\jre1.8.0_161
周大源 003001 高一（1）班
陈明华 003041 高一（2）班
王程志 002145 高二（3）班
```

图 1-20

学生学籍信息的输出

【范例程序：CH01_02.java】

```
package ch01;
//输出学生的学籍信息
public class CH01_02 {
    //主要执行区块
    public static void main(String[ ] args){
    //程序语句
        System.out.println("周大源 003001 高一（1）班");
        System.out.println("陈明华 003041 高一（2）班");
        System.out.println("王程志 002145 高二（3）班");
    }
}
```

本章重点回顾

- 机器语言（Machine Language）是早期的程序设计语言，任何程序在执行前都必须被转换为机器语言，由 1 和 0 两种符号构成。

- 汇编语言与机器语言一样被归类为低级语言。
- 高级语言编写而成的程序代码必须经过编译器或解释器“翻译”为计算机能解读、执行的低级机器语言的程序，才能被 CPU 执行。
- 从高级语言转换的方式来看，可以分成编译型语言与解释型语言两种。
- 数据库的结构化查询语言（Structural Query Language，SQL）是一种第 4 代语言。
- 面向对象程序设计的重点是强调程序代码的可读性（Readability）、可重复使用性（Reusability）与扩展性（Extension）。
- 面向对象程序设计方法中最主要的单元是对象（Object），我们可以通过对象的外部行为（behavior）及内部状态（state）来进行详细的描述。
- 类与对象之间的关系可以将“类”看成是“对象”的模型、模块，“对象”则是“类”实际制作后的成品。
- 在面向对象程序设计中，在继承关系中，被继承者称为“基类”或“父类”，而继承者则称为“派生类”或“子类”。
- Java 的主要特色与优点：简单性、跨平台性、严谨性、例外处理、多线程。
- Java 的开发工具分成“IDE”和“JDK”两种。
- 通常程序的错误可以分为语法错误与逻辑错误两种。
- Java 程序的编写采用自由格式（free format），只要不违背基本语法规则，就可以自由安排程序代码的位置，每一行程序语句（statement）是以“;”作为结尾与分隔的。

课后习题

填空题

1. Java 的每一行程序语句（statement）是以______作为结尾与分隔的。

2. ______语言称为第 5 代语言，或称为自然语言。

3. 面向对象程序设计方法中最主要的单元是对象，我们可以通过对象的外部______及内部______来进行详细的描述。

4. 使用______能以更具结构化、更容易理解的方法来编写程序代码。

5. ______使用连续的 1 与 0 来与计算机沟通。

6. 程序的错误可以分______错误与______错误两种。

7. 高级语言所编写的程序代码必须通过______或______“翻译”成计算机所认得的机器语言后，才可以直接被加载到计算机中执行。

问答与实践题

1. 什么是“集成开发环境”（Integrated Development Environment，IDE）？

2. 比较编译器与解释器两者间的差异性。

3. 简述程序语言发展演进过程的分类。

4. 下面的程序语句是否为合法的程序语句？

```
System.out.println("我的 Hello World 程序 !")
```

5. 说明 main() 函数的作用。

6. 试举出至少 3 种 Java 语言的特性。

7. 试简述面向对象程序设计中继承的优点。

8. 试简单描述面向对象程序设计封装的概念。

第 2 章

Java 的数据处理

本章重点

- 认识常数与变量的声明与使用
- 了解变量的命名规则
- 学习基本数据类型
- Java 格式化输出功能
- 从键盘输入数据
- 数据类型转换

从本章正式开始 Java 的学习之旅。Java 中基本的数据处理对象是常数（constant）与变量（variable），当程序执行时，外界的数据进入计算机后，当然要有个栖身之处，这时系统就会拨内存空间给这份数据，而在程序代码中，我们所定义的变量与常数主要的用途就是存储数据，以用于程序中的各种计算与处理。

变量或常数都是程序设计人员用来存取内存中数据内容的一个名称，两者之间最大的差别在于变量的值是可以改变的，而常数的值则固定不变。例如，我们可以把计算机的主存储器（内存）想象成一座豪华旅馆，旅馆的房间有不同的等级，就像属于不同的数据类型一样，最贵的等级价格自然高，不过房间也较大，就像有些数据类型所占的字节较多。

2.1 变量与常数

变量是程序设计语言中不可或缺的部分，由编译器分配内存，将数据记录在内存的某个地址中，并给予它一个名称。由于内存的容量是有限的，不同类型的数据需要不同类型的变量来存储，当程序需要存取某个内存中的内容时，就可以通过变量将数据从内存中取出或写入内存。

2.1.1 变量声明

在 Java 语言中，所有变量一定要经过声明才能够使用。当我们进行变量的声明时，必须先声明一个对应的数据类型（data type），以便在内存中保留一块区域供其使用。因此不同数据类型的变量所占用的内存空间大小以及可表示的数据范围自然不同。例如，声明为整数类型（int）的变量会占用 4 个字节的内存空间。

Java 的正确变量声明方式是由数据类型加上变量名称与分号所构成的。第一种变量声明方式是先声明变量，再设置初始值，第二种变量声明方式是声明变量的同时设置初始值，以下是两种合法声明方式：

```
数据类型 变量名称 1, 变量名称 2, …… , 变量名称 n;
```

```
变量名称 1= 初始值 1;
变量名称 2= 初始值 2;
…
变量名称 n= 初始值 n;   // 第一种变量声明方式
```

或

```
数据类型 变量名称1=初始值1, 变量名称2=初始值2,…,变量名称n=初始值n;

// 第二种变量声明方式
```

变量声明的实践

【范例程序：CH02_01.java】

下面的范例程序使用 6 个变量来说明两种不同的变量声明方式。

```
package ch02;

public class CH02_01 {
        public static void main(String[ ] args){
      // 声明变量
        int a,b,c;

          a=1;
          b=2;
          c=3; // 第一种变量声明方式

          int d=4,e=5,f=6; // 第二种变量声明方式

          System.out.print(a+" ");
          System.out.print(b+" ");
          System.out.print(c);
          System.out.println();

          System.out.print(d+" ");
```

```
20                System.out.print(e+" ");
21                System.out.print(f);
22                System.out.println();
23            }
24        }
```

执行结果 如图 2-1 所示。

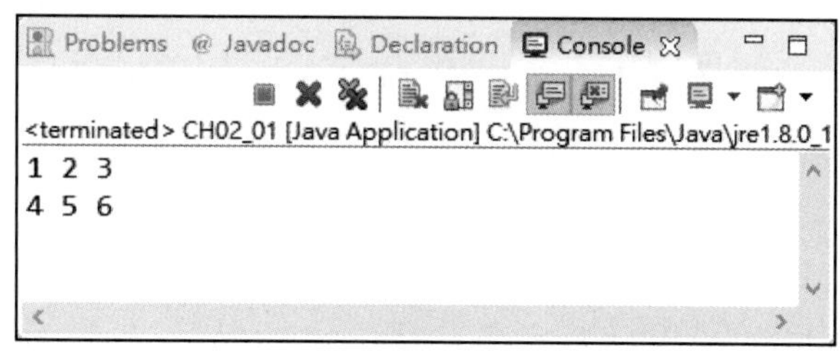

图 2-1

程序说明

- 第 08~10 行：以第一种变量声明方式声明 a、b、c 三个变量，并分别设置其初始值。
- 第 12 行：以第二种变量声明方式声明 d、e、f 三个变量，在同一行中使用逗号“,”来同时声明相同数据类型的多个变量，并给各个变量设置初始值（也可以不设置）。
- 第 14~22 行：输出 a、b、c、d、e、f 六个变量的值。

通常为了养成良好的程序编写习惯，变量声明最好放在程序区块的开头，也就是紧接在“{”符号后（如 main 函数或其他函数）的位置。至于变量初始化的设置或者赋值，最好在变量一开始产生时就给它赋值，否则容易出现一些不可预期的情况。

接下来以另一个图例来说明，例如声明两个整数类型（int）变量 num1、num2：

```
int num1=30;
int num2=77;
```

这时 Java 会分别自动分配 4 个字节内存给变量 num1 和 num2，它们的存储值分别为 30 和 77。当程序运行时需要存取这块内存时，就可以直接使用变量名称 num1 与 num2 来进行存取，如图 2-2 所示。

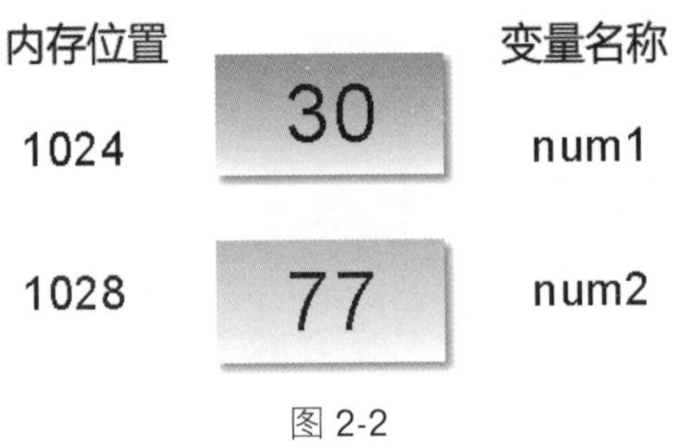

图 2-2

2.1.2 变量的命名规则

在 Java 程序代码中，我们所看到的名称通常不是标识符（identifier）就是关键字（keyword）。标识符包括变量、常数、函数、类、接口、程序包等代号，变量名的第一个字符必须是“字母”“$”和“_”三者之一，其后的字符可以为“字母”“$”“数字”及“_”等，英文的大小写字母也有区别。例如，在 CH02_01.java 范例中，a、b、c、d、e、f 都是用户自定义的变量标识符。

虽然变量名称只要符合 Java 的命名规则都可以自行定义，但是为了程序的可读性，最好还是取有含义的名字，例如总和取名为“sum”、薪资取名为“salary”。

关键字（或称为保留字）是编译器本身所使用的标识符，我们绝对不能更改或重复定义它们。因此自行定义的函数或变量名称都不能与关键字相同，例如 CH02_01.java 范例中的 int、void、public 都是关键字。

Java 共有 52 个关键字，在使用时必须注意每一个关键字名称都是小写的。表 2-1 将对关键字按功能进行分类。

表2-1

程序流程控制	do	while	if	else	for	goto
	switch	case	break	continue	return	throw
	throws	try	catch	finally		
数据类型设置	double	float	int	long	short	boolean
	byte	char				
对象特性声明	synchronized	native	import	public	class	static
	abstract	private	void	extend	protected	default
	implements	interface	package			
其他功能	this	new	super	instanceof	assert	null
	const	strictfp	volatile	transient	true	false
	final					

2.1.3 常数

常数是一个固定的值，在程序执行的整个过程中，数值不能被改变。例如，整数常数 45、-36、10005、0 和浮点数常数 0.56、-0.003、3.14159 等都是一种字面常数（Literal Constant）。如果是字符，就必须以一对单引号（' '）引住，如 'a'、'c'，它们也是一种字面常数。下面的 num 是一种变量，150 则是一种字面常数：

```
int  num=0;
num = num + 150;
```

Java 与其他程序设计语言最大的不同在于它舍弃了常数的定义声明，因此并没有真正的常数存在，但程序开发人员仍然可以使用 Java 关键字“final”作为变量值不能改动的操作限定，这样的做法在精神上有“常数”的意义。所谓 final 关键字，主要是强调此关键字后的变量值不能再被改变了。使用 final 关键字声明变量的方式如下：

```
final 数据类型 变量名称 = 初始值；
```

例如：

```
final float PI = 3.1415926;
```

因为 final 声明后的变量是一种不会变动数值的变量，例如圆周率（PI）、光速（C）等，所以它的使用范围通常包括整个程序，命名规则最好是使用大写英文字母。

硬盘容量转换程序

【范例程序：CH02_02.java】

下面的范例程序用于示范硬盘容量不同单位间的转换，通过此范例来了解变量与常数的声明方式。

```
package ch02;

public class CH02_02 {
      final static double C1 = 1024.0;
      final static double C2 = 1048576.0;
         public static void main(String args[])
         {
            // 声明变量
            int a=800;
            double b,c;
            // 不同容量单位之间转换的计算公式
            b = a * C1;
            c=  a * C2;
            // 输出到屏幕
            System.out.println("原硬盘容量 =" + a +"
                                   Gigabytes");
            System.out.println("原硬盘容量 =" + b +"
                                   Megabytes");
            System.out.println("原硬盘容量: " + c +"
                                   Kilobytes");
         }
}
```

执行结果 如图 2-3 所示。

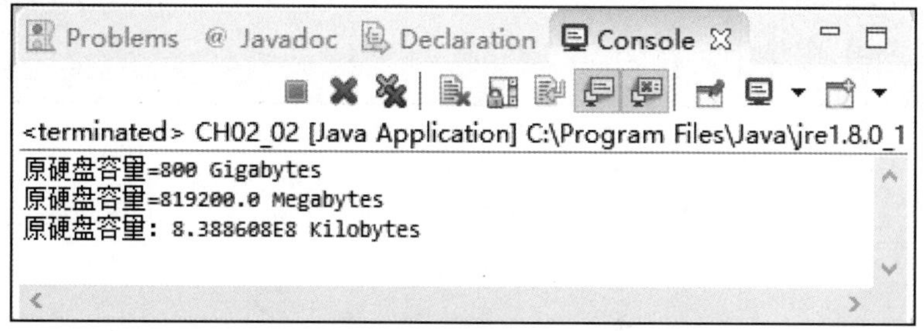

图 2-3

程序说明

- 第 04、05 行：以 final 关键字声明的数值不能再被赋予新值。
- 第 09、10 行：变量的声明。
- 第 12、13 行：各硬盘容量间不同单位的计算公式。

2.2 基本数据类型

程序在执行的过程中，需要同时运算与存储许多数据，不同数据使用不同大小的空间来存储，因此就有了数据类型（Data Type）的规范。在 Java 语言中，当声明变量或常数时，也必须先指定数据类型。在 Java 中共有整数、浮点数、布尔及字符 4 种基本数据类型，下面分别进行介绍。

2.2.1 整数类型

整数类型用来存储不含小数点的数据，与数学上的意义相同，如 -1、-2、-100、0、1、2、100 等。整数类型分为 byte（字节）、short（短整数）、int（整数）和 long（长整数）4 种，按数据类型的存储单位及数值表示的范围整理如表 2-2 所示。

表2-2

基本数据类型	名称	字节数/byte	使用说明	数值范围	默认值
byte	字节	1	最小的整数类型，适用时机：处理网络或文件传递时的数据串流（stream）	-127~128	0
short	短整数	2	不常用的整数类型，适用时机：16位计算机，但现在已经慢慢减少	-32768~32767	0
int	整数	4	最常使用的整数类型，适用时机：一般变量的声明、循环的控制单位量、数组的索引值（index）	-2147483648 ~2147483647	0
long	长整数	8	范围较大的整数类型，适用时机：当int（整数）不敷使用时，可以将变量晋升（promote）至long（长整数）	-9223372036854775808L ~9223372036854775807L	0L

注意

对于一个优秀的程序设计人员而言，应该注意学习控制程序执行时所占有的内存容量，例如有些变量的数据值很小，声明为 int 类型要花费 4 字节，但是加上 short 修饰词就缩小到 2 字节，从而节省内存。

整数声明变量

【范例程序：CH02_03.java】

下面的范例程序分别使用不同整数类型来声明变量，并显示出这些整数变量的结果。

```
package ch02;

public class CH02_03 {
        public static void main(String args[]){
        long no1=123456; // 声明长整数
      short no2=9786;   // 声明短整数
```

```
07          int no3=5678;     // 声明整数
08
09          // 输出各种整数变量
10          System.out.println("no1= " + no1);
11          System.out.println("no2= " + no2);
12          System.out.println("no3= " + no3);
13            }
14      }
```

执行结果 如图 2-4 所示。

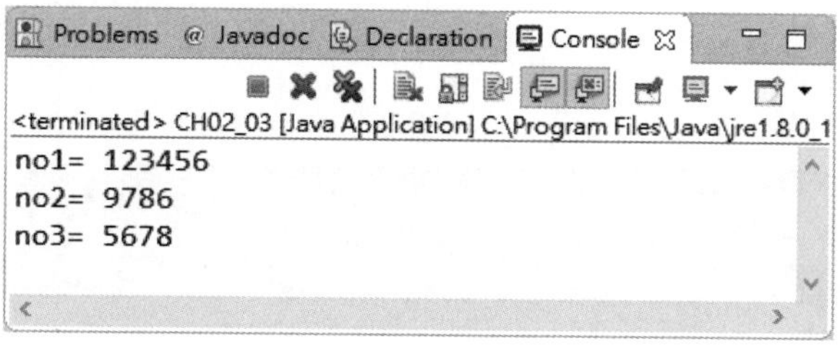
Problems
Javadoc
Declaration
Console
<terminated> CH02_03 [Java Application] C:\Program Files\Java\jre1.8.0_1
no1= 123456
no2= 9786
no3= 5678

图 2-4

程序说明

- 第 05 行：声明 no1 为长整数，并设置初始值。
- 第 06 行：声明 no2 为短整数，并设置初始值。
- 第 07 行：声明 no3 为整数，并设置初始值。
- 第 10~12 行：输出 no1、no2 与 no3 的值。

由于整数的修饰词能够限制整数变量的数值范围，如果数字初始值不小心超过了限定的范围，就称为溢出（overflow），如图 2-5 所示。

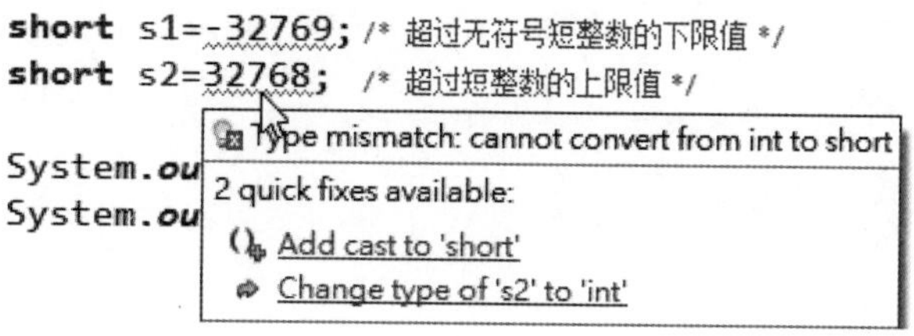
short s1=-32769; /* 超过无符号短整数的下限值 */
short s2=32768; /* 超过短整数的上限值 */
System.ou
System.ou
Type mismatch: cannot convert from int to short
2 quick fixes available:
Add cast to 'short'
Change type of 's2' to 'int'

图 2-5

2.2.2 浮点数类型

浮点数（floating point）就是带有小数点的数字，也就是我们在数学上所指的实数，例如 4.99、387.211、0.5、3.14159 等。由于整数所能表现的范围与精确度显然不足，这时浮点数就相当有用了。尤其是当需要进行小数基本四则运算时，或者数学运算上的“开根号（√￣）”与求三角函数的正弦、余弦等运算时，运算结果需要精确到小数点后几位，这时就会使用到浮点数类型。Java 浮点数类型包含 float（浮点数）、double（双精度浮点数），如表 2-3 所示。

表2-3

基本数据类型	名称	字节数/byte	使用说明	数值范围	默认值
float	浮点数	4	单精度的数值，适用时机：当需要小数计算但精度要求不高时，float（浮点数）应该就够用了	1.40239846E-45 ~3.40282347E+38	0.0f
double	双精度浮点数	8	双精度的数值，适用时机：小数计算精准度要求高，譬如“高速数学运算”“复杂的数学函数”或“精密的数值分析”	4.94065645841246544E-324~ 1.79769313486231570E308	0.0d

下面是一般变量声明为浮点数类型的语法：

```
float 变量名称；
或
float 变量名称 = 初始值；

double 变量名称；
或
double 变量名称 = 初始值；
```

浮点数声明例子如下：

```
float  num;  num=304.5;
```

```
或
float  num=304.5;

double num1; num1=1234.678;
或
double num1=1234.678;
```

单精度与双精度浮点数

【范例程序：CH02_04.java】

下面的范例程序用于示范 Java 中的单精度与双精度浮点数的声明以及设置初始值的差异。

```
package ch02;

public class CH02_04 {
        public static void main(String args[]){
                // 比较浮点数的两种声明方式
                float no1=503.94065645841246544f;
                //默认值为 double，也可以声明成 no2=
                  503.94065645841246544d
                double no2=503.94065645841246544;
                System.out.println("no1= " + no1);
                System.out.println("no2= " + no2);
        }
}
```

执行结果 如图 2-6 所示。

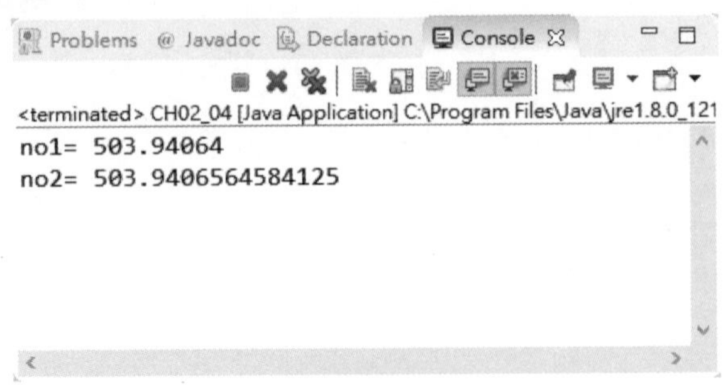

图 2-6

程序说明

- 第 06 行：float 数据类型的声明以及设置初值，在字尾可以加上大写字母 F 或小写字母 f。
- 第 08 行：double 数据类型的声明以及设置初值，在字尾可以加上大写字母 D、小写字母 d 或直接省略。
- 第 09 行：输出 float 数据类型的变量值，精确度较低。因而输出结果 no1 的值为 503.94064，看上去和第 6 行的赋值之间存在误差，但是这确实是计算机运行的实际结果。
- 第 10 行：输出 double 数据类型的变量值，精确度较高。

我们还要补充一点，浮点数除了一般带有小数点的表示方式之外，还有一种称为科学记数的指数型表示法，其中 e 或 E 代表以 10 为底数的科学记数表示法。例如 6e-2，其中 6 称为有效数字，-2 称为指数。表 2-4 所示为小数点表示法与科学记数表示法的互换。

表2-4

小数点表示法	科学记数表示法
0.06	6e-2
-543.236	-5.432360e+02
234.555	2.34555e+02
3450000	3.45E6
245.36	2.4536E2
0.07118	7.118e-2

浮点数科学记数表示法

【范例程序：CH02_05.java】

下面的范例程序用于示范浮点数变量的十进制或科学记数表示法之间的相互转换，大家可比较输出后的结果。

```
01    package ch02;
02
03    public class CH02_05 {
04        public static void main(String args[]){
05            float f1=0.0654321f;    // 浮点数表示法声明
06            float f2=1.531e-3f;     // 科学记数表示法声明
07            //科学记数表示法声明
08           System.out.printf("f1=%.8f" , f1);
09            System.out.println();
10            // 科学记数法以浮点数表示法输出
11            System.out.printf("f2= %e" , f2);
12            System.out.println();
13        }
14    }
```

执行结果 如图 2-7 所示。

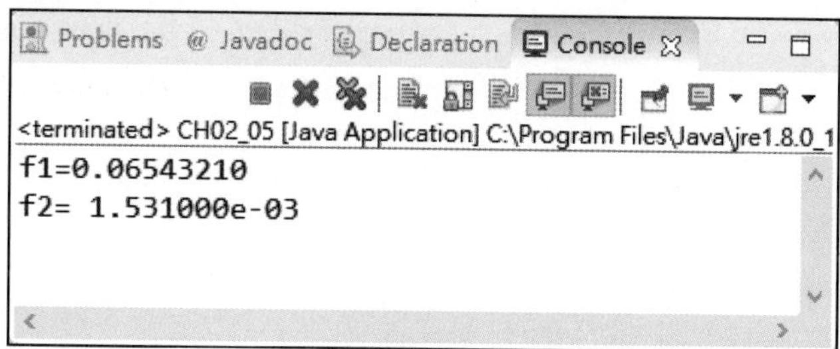

图 2-7

程序说明

- 第 05 行：浮点数变量 f1 以浮点数表示法声明，并赋予初始值。
- 第 06 行：浮点数变量 f2 以科学记数表示法声明，并赋予初始值。

- 第 08、09 行：以浮点数表示法输出。
- 第 11、12 行：以科学记数表示法输出。

2.2.3 布尔类型

布尔（boolean）类型的变量用于关系运算的判断或逻辑运算的结果，譬如判断“5>3”是否成立，判断结果的表示只有“true”和“false”两种。Java 的布尔变量声明方式如下：

```
方式 1：boolean 变量名称 1, 变量名称 2,……, 变量名称 N;// 声明布尔变量
方式 2：boolean 变量名称 = 数据值 ;   // 声明并初始化布尔变量
```

声明并设置布尔值

【范例程序：CH02_06.java】

下面的范例程序用于示范如何声明和设置布尔值，并输出所声明的布尔值。

```
package ch02;

public class CH02_06 {
        public static void main(String args[]){
                boolean logic=8<7;// 设置布尔变量的值为 false
                System.out.println(" 声明的布尔值 ="+logic);
        }
}
```

执行结果 如图 2-8 所示。

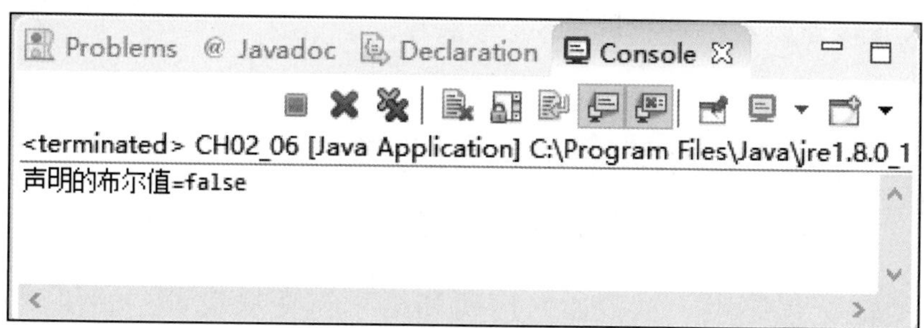

图 2-8

2.2.4 字符类型

在 Java 中，字符数据类型为 char，它是一种使用 16 位二进制数所表示的 Unicode 字符。表 2-5 所示为按照数据类型的存储单位及数据值表示的范围对照表。

表2-5

基本数据类型	名称	字节数/byte	位数/bit	数值范围	默认值
char	字符	2	16	\u0000~\uFFFF	\u0000

注意

Unicode 码（统一码、万国码或单一码）是一种在计算机上使用的字符编码，是由统一码技术联盟（Unicode Technology Consortium，UTC）所制定的，作为支持各种国际文字的 16 位编码系统，它为每种语言中的每个字符设置了统一且唯一的二进制编码，为每一个字符提供了一个跨平台、语言与程序的统一数字编码（digit）。

在 Java 程序中，可以使用单引号将字符括起，以此来声明字符数据类型。大家要特别注意的是，声明单一字符是以单引号标注而不是双引号，这和字符串（例如 " 学无止境 "）以双引号标注的内容是不一样的，例如：

```
char ch1='X';
```

另外，也可以用“\u 十六进制数字”的方式来表示，\u 表示 Unicode 码格式。

不同的字符有不同的数据表示值，如字符 @ 的数据表示值为“\u0040”，字符 A 的数据表示值为“\u0041”。

三种不同的字符声明方式

【范例程序：CH02_07.java】

下面的范例程序用于示范如何声明和给字符变量设置初始值，并将所声明的字符输出。

```
01     package ch02;
02
03     public class CH02_07 {
04            public static void main(String args[]){
05            char ch1='Y';
06            char ch2='\u0041';
07            char ch3='\102';
08            System.out.println("ch1="+ch1);
09            System.out.println("ch2="+ch2);
10            System.out.println("ch3="+ch3);
11            }
12     }
```

执行结果 如图 2-9 所示。

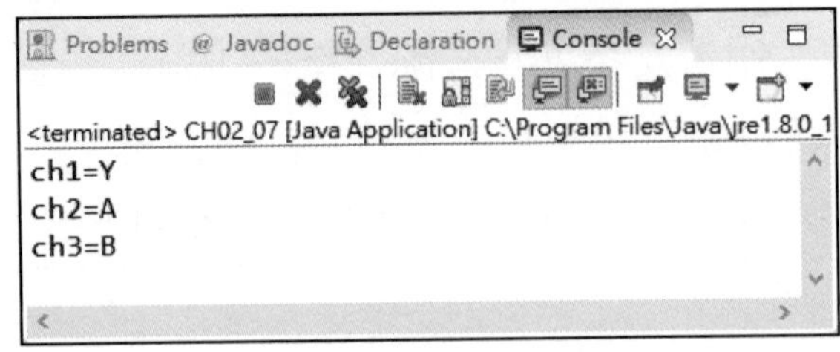

图 2-9

程序说明

- 第 05~07 行：3 种不同方式的字符数据类型写法，可以直接写字符“Y”；如果知道该字符的 Unicode，可以将编码后的十六进制数的数值作为字符的默认值，如 0041；也可以通过 ASCII 编码的值来输入，如字符“B”的 ASCII 码为 66，对应的八进制数的数值为 102。

2.3 转义字符

Java 语言中还有一些特殊字符无法直接使用键盘来输入，这时必须在字符前加上“转义字符”（'\'），以通知编译器将反斜杠与后面的字符当成一个特殊字符，并代表另一个新功能，我们称为转义序列（escape sequence）。例如，范例程序中所使用的“\n”表示换行。有关各种转义字符与 Unicode 编码之间的关系可参考表 2-6 的说明。

表2-6

转义字符	说明	十六进制Unicode编码
\b	退格字符（Backspace），倒退一格	\u0008
\t	水平制表符（Horizontal Tab）	\u0009
\n	换行符（New Line）	\u000A
\f	换页符（Form Feed）	\u000C
\r	回车符（Carriage Return）	\u000D
\"	显示双引号（Double Quote）	\u00022
\'	显示单引号（Single Quote）	\u00027
\\	显示反斜杠（Backslash）	\u0005C

注意

对于英文字符（含大小写字母、一些常用符号和特殊功能的字符），Unicode 编码的最后一个字节与 ASCII 编码是一样，上表中的 Unicode 编码的第二个字节和 ASCII 编码就是一致的。例如，在 2.2.4 小节的范例程序中，$0041_{(16)} = 65_{(10)}$ 就是大写字母 A 分别对应的 Unicode 编码（十六进制）和 ASCII 编码（十进制），因为十六进制的数值 41 对应的就是十进制的数值 65。

转义字符的简单应用

【范例程序：CH02_08.java】

下面的范例程序是将转义序列 '\\' 赋值给 c1 字符变量，并将 'A' 的 ASCII 码赋值给 c2，最后在屏幕上输出两个字符变量。

```
01    package ch02;
02
03    public class CH02_08 {
04          public static void main(String args[]){
05                char c1='\\';/* 直接以 '\\' 来赋值 */
06                char c2=65;/* 以 ASCII 码来赋值 */
07
08                System.out.println("ch1="+c1+" "+c2);
09          }
10    }
```

执行结果 如图 2-10 所示。

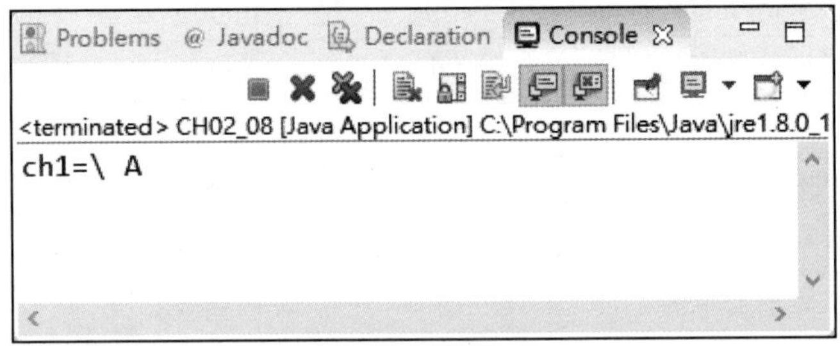

图 2-10

程序说明

- 第 05 行：声明字符变量 c1，直接以“\\”来赋值。
- 第 06 行：声明字符变量 c2，直接以“A”的 ASCII 码来赋值。
- 第 08 行：输出两个字符变量。

2.4 格式化输出功能

程序设计的目的在于将用户所输入的数据经由计算机运算之后，再将结果输出。Java 中的 System.out.printf() 函数会将指定的文字输出到标准输出设备（屏幕），还可以配合以 % 字符开头的格式化字符（format specifier）所组成的格式化字符串来输出指定格式的变量或数值内容，例如：

```
System.out.printf("%d\n", 26);   // 输出 26 的十进制数
```

```
System.out.printf("%o\n", 26);   // 输出 26 的八进制数
System.out.printf("%x\n", 26);   // 输出 26 的十六进制数
```

%d 表示将指定的数值以十进制数格式输出，%o 是以八进制数格式输出，%x 是以十六进制数格式输出，\n 是指输出时换行。

System.out.printf() 函数中的自变量行可以是变量、常数或者表达式的组合，而每一个自变量行中的各项只要对应到格式化字符串中以 % 字符开头的格式化字符，就可以达到如预期的输出效果。注意：格式化字符串中有多少个格式化字符，自变量行中就该有相同数目的对应项。

不同的数据类型内容还可以配合不同的格式化字符，在表 2-7 中整理了 Java 语言中常用的格式化字符供大家参考。

表2-7

格式化字符	说明
%c、%C	以字符方式输出，提供的数据必须是Byte、Short、Character或 Integer
%s、%S	将字符串格式化输出
%%	在字符串中显示%
%d	以十进制整数格式输出
%o	以八进制整数格式输出
%x	将整数以十六进制格式输出
%f	将浮点数以十进制格式输出
%e、%E	将浮点数以十进制格式输出，并使用科学记数法
%a、%A	将浮点数以十六进制格式输出，并使用C99标准的p-记数法

注：C99 是 C 语言的官方标准第二版。

注意

格式化字符是控制输出格式中唯一不可省略的项目，原则是要输出什么数据类型的变量或常数，就必须搭配对应该数据类型的格式化字符。大家使用转义序列的功能可以让输出的效果更加灵活与美观，例如“\n”（换行功能）就经常搭配在格式化字符串中使用。

2.4.1 格式化高级输出的设置

在数据输出时，通过格式化字符的标志（flag）、字段宽（width）与精

度（precision）设置功能还可以实现对齐等高级效果，让数据在阅读上能够更加明确和清楚。

```
%[flag] [width][.precision] 格式化字符
```

- [flag]：默认靠右对齐，可以使用“+”“-”字符指定输出的格式。如果使用正号(+)，输出靠右同时显示数值的正负号；如果使用负号(-)，则靠左对齐输出。
- [width]：用来指定使用多少字符的字段宽度来输出文字。数据输出时，以字段宽度值作为该数据的长度靠右显示输出，若设置的字段宽度小于数据长度，则数据仍会按照原来的长度靠左按序输出。
- [.precision]：指定显示输出的小数位数。前面需以句点“.”与[width]隔开。例如，%6.3f 表示输出包括小数点在内共有 6 位数的浮点数，小数点后只显示 3 位数。

格式化输出的实例

【范例程序：CH02_09.java】

下面的范例程序主要用于示范说明几种格式化输出的相关语法及其输出后的结果。

```
package ch02;

public class CH02_09 {
        public static void main(String args[]){

              System.out.println("\u0048\u0065\u006C\
                                   u006C\u006F");
                // 输出 255 的十进制数
                System.out.printf("%d%n", 255);
                // 输出 255 的八进制数
                System.out.printf("%o%n", 255);
                // 输出 255 的十六进制数
                System.out.printf("%x%n", 255);
```

```
13
14                    System.out.printf("格式化输出范例 1:%.2f%n",
                                        15.245);
15                    // 由于预留了 8 个字符宽度，因此不足的部分要由空格
                        符补上
16                    System.out.printf("格式化输出范例 2:%8.2f%n",
                              15.245);
17            }
18    }
```

执行结果 如图 2-11 所示。

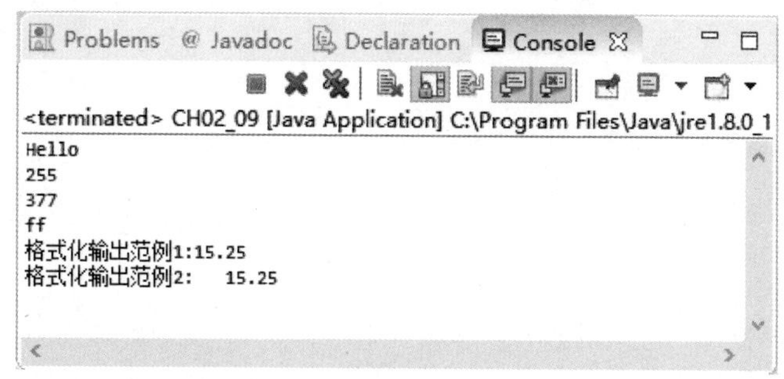

图 2-11

程序说明

- 第 06 行：以 Unicode 表示的方式输入指定的字符。
- 第 07~12 行：各种进制的输出方式。
- 第 14、15 行：使用 printf() 函数与格式化字符串将自变量行的变量与表达式结果输出。

注意

百分比符号“%”是输出时常用的符号，不过不能直接使用，因为会与格式化字符（如 %d）相冲突，如果要显示 % 符号，就必须使用 %% 的方式。例如，要输出“90 %”的样式，可以参考如下语句：

```
System.out.printf("%d %%", 90);
```

八进制与十六进制表示法

【范例程序：CH02_10.Java】

下面的范例程序将声明一个十进制整数变量 Value，并直接使用格式化字符（%o、%x 与 %X）将输出结果转为八进制数与十六进制数。

```
01    package ch02;
02
03    public class CH02_10 {
04        public static void main(String args[]){
05            // 声明整数变量 Value，并设置初始值为 1000
06            int Value=1000;
07
08            // 以 %o 格式化字符输出
09            System.out.printf("Value 的八进制数
                                  =%o\n",Value);
10            // 以 %x 格式化字符输出
11            System.out.printf("Value 的十六进制数
                                   =%x\n",Value);
12            // 以 %X 格式化字符输出
13            System.out.printf("Value 的十六进制数
                                   =%X\n",Value);
14        }
15    }
```

执行结果 如图 2-12 所示。

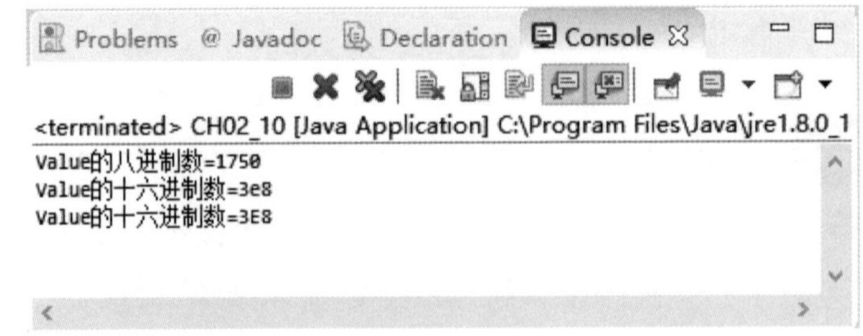

图 2-12

程序说明

- 第 06 行：声明整数变量 Value，并设置值为 1000。

- 第 09 行：以 %o 格式化字符输出其八进制数。
- 第 11 行：以 %x 格式化字符输出其十六进制数的小写表示。
- 第 13 行：以 %X 格式化字符输出其十六进制数的大写表示。

2.4.2 从键盘输入数据

在 Java 中，标准输入可以使用 System.in 函数，属于 InputStream 串流类，可以配合 read(byte[]) 方法来获取输入内容。read() 方法的功能是先从输入串流（例如键盘输入的字符串）中读取下一个字节的数据，再返回 0~255 之间的整数类型数据（ASCII 码），然后转换成字符类型 char。例如下面的程序片段：

```
System.out.println("请从键盘输入一个字符");
char data = (char) System.in.read();
```

在此程序片段中，因为 read() 会返回整数类型，要对返回的数值进行类型转换（int 转 char），所以必须在 read 方法前面加上 “(char)” 修饰词。另外，read() 方法一次只能读取一个字符，由于此程序中仅有一行 read() 方法的语句，因此无论上面输入多少个字符，它都只会读取第一个字符的 ASCII 值。

从键盘读取字符

【范例程序：CH02_11.java】

下面的范例程序用于示范说明 read() 方法一次只能读取一个字符，即使输入一个字符串，实际上也仅能接收这个字符串的第一个字符。

```
package ch02;
import java.io.*;

public class CH02_11
{
        private static char myData;
        public static void main(String args[]) throws
        IOException
        {
```

```
09                System.out.print("请输入字符串：");
10            //文字输入
11            myData = (char)System.in.read();
12                System.out.println("输入的字符串为：" +
                   myData);
13        }
14    }
```

执行结果 如图 2-13 所示。

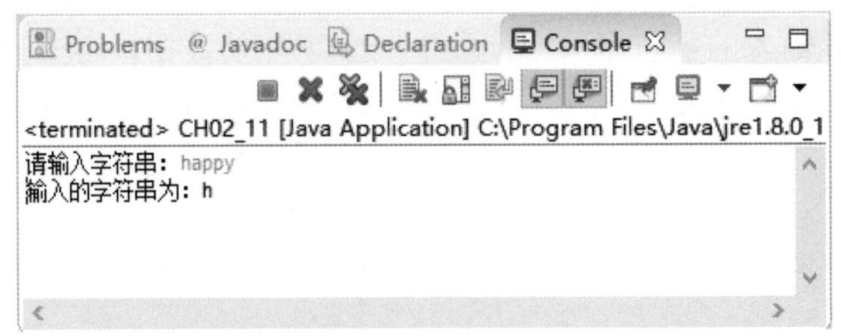

图 2-13

程序说明

- 第 06 行：声明一个字符变量 myData，用以存储用户从键盘所输入的字符数据。

read() 方法读取的数据只是单个字符，如果想从键盘获取一个字符串或一个整数，可以使用 java.util.Scanner 类，它能通过所创建的 Scanner 对象来获取键盘所输入的数据，Scanner 对象的创建方式如下：

```
java.util.Scanner input_obj=new java.util.Scanner(System.in);
```

创建好 Scanner 对象后，就可以使用该对象所提供的方法获取键盘所输入的数据。例如，要输入一整行字符串，Scanner 对象提供了 nextLine() 方法；要获取输入的整数，Scanner 对象提供了 nextInt() 方法；要获取输入的浮点数，Scanner 对象提供了 nextDouble() 方法：

```
java.util.Scanner input_obj=new java.util.Scanner(System.in);
String StrVal =input_obj.nextLine();
```

```
int IntVal =input_obj.nextInt();
double DoubleVal =input_obj.nextDouble();
```

Scanner 对象输入的应用

【范例程序：CH02_12.java】

下面的范例程序用于示范各种数据类型的输入。

```
package ch02;
import java.io.*;

public class CH02_12
{
        public static void main(String args[]) throws IOException
        {
          java.util.Scanner input_obj=new java.util.Scanner(System.in);

               System.out.print("请从键盘输入字符串数据类型：");
               String StrVal =input_obj.nextLine();
               System.out.println("您所输入的字符串值为 "+StrVal);

               System.out.print("请从键盘输入整数类型：");
               int IntVal =input_obj.nextInt();
               System.out.println("您所输入的整数值为 "+IntVal);

               System.out.print("请从键盘输入浮点数类型：");
               double DoubleVal =input_obj.nextDouble();
               System.out.println("您所输入的浮点数为 "+DoubleVal);
        }
}
```

执行结果 如图 2-14 所示。

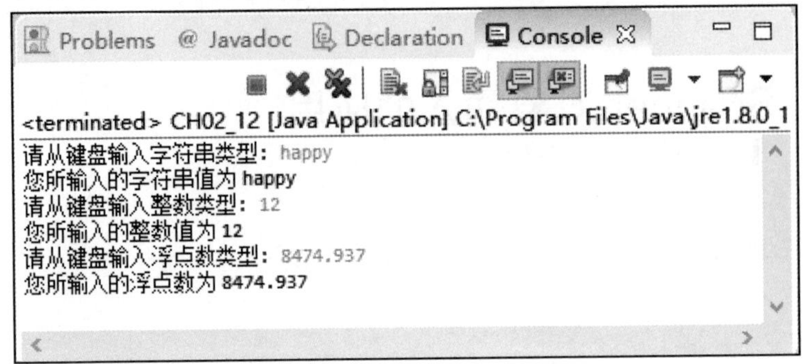

图 2-14

程序说明

- 第 10~12 行：读取用户从键盘输入的字符串数据。
- 第 14~16 行：读取用户从键盘输入的整数数据。
- 第 18~20 行：读取用户从键盘输入的浮点数数据。

虽然使用 Scanner 对象在读取用户从键盘输入的整数或浮点数时相当方便，但是它以空格符来分隔每一个输入的字符串时可能就不适用了。例如，用户想输入的字符串是一个完整的字符串，字符串和字符串中间由空格隔开，例如“Happy new year.”，这个时候就可以使用 BufferedReader 类，它是 java.io 程序包中所提供的一个类，使用这个类时必须先导入程序包（import java.io）。注意：使用 BufferedReader 对象的 readLine() 方法也必须处理 IOException 例外。所谓例外，就是一种运行时错误，Java 为程序设计人员提供了捕捉程序中可能发生错误的例外处理机制，并自动抛出例外（Exception）对象进行处理工作，现阶段处理 IOException 的方法是：在 main() 方法后面加上 throws IOException 即可。

我们可以使用以下方法来为标准输入串流创建缓冲区对象：

```
BufferedReader buf = new BufferedReader(
                     new InputStreamReader(System.in));
```

例如，下面这段程序代码可以获取用户输入的字符串（字符串中可包括空格符的输入），并使用 System.out.println() 语句输出完整的字符串。

```
package ch02;
import java.io.*;
public class Test {
    public static void main(String[] args) throws
        IOException {
        BufferedReader buf = new BufferedReader(
            new InputStreamReader (System.in));
        System.out.print("请输入一个完整的英文句子： ");
        String text = buf.readLine();
        System.out.println("您输入的英文句子： "+text);
    }
}
```

其执行结果如下：

```
请输入一个完整的英文句子： He who has health has hope.
您输入的英文句子： He who has health has hope.
```

2.5 数据类型转换

在程序执行过程中，表达式中往往会使用不同类型的变量（如整数或浮点数），这时 Java 编译器会自动将变量存储的数据转换成相同的数据类型再进行运算。通常会以类型数值范围大者作为优先转换的对象，例如 float + int 会将结果转换为 float 类型。

如果赋值运算符“=”两边的类型不同，就一律转换成与左边变量相同的类型。当然，在这种情况下，要注意执行结果可能会有所改变，例如将 double 类型的变量赋值给 short 类型变量可能会遗失小数点后的精度。以下是数据类型大小转换的顺序：

```
double> float> long> int> char> short> byte
```

例如，short 类型可以和 int 类型互相转换，int 类型可以和 long 类型互相转换，float 类型可以和 double 类型互相转换。除了由编译器自行转换的类型转换之外，Java 语言也允许用户强制转换数据类型。例如，想让两个整数相除时，可以采用强制类型转换将整数类型转换成浮点数类型。

在表达式中强制转换数据类型的语法如下：

```
(强制转换类型名称)  表达式或变量;
```

例如以下程序片段：

```
int a,b;
float avg;
avg=(float)(a+b)/2; // 将 a+b 的值转换为浮点数类型
```

摄氏温度与华氏温度转换器

【范例程序：CH02_13.java】

下面的范例程序用于输入摄氏温度并转换为华氏温度。

```
package ch02;
import java.util.Scanner;

public class CH02_13
{
    public static void main (String args [])
    {
        int c = 0 ;
        double f = 0 ;

        System.out.print("请输入摄氏温度 : ") ;
        Scanner input_obj = new Scanner(System.in) ;

        c = input_obj.nextInt() ;
        f = (double) c * 9 / 5 + 32 ;

```

```
17                System.out.print( f ) ;
18            }
19        }
```

执行结果 如图 2-15 所示。

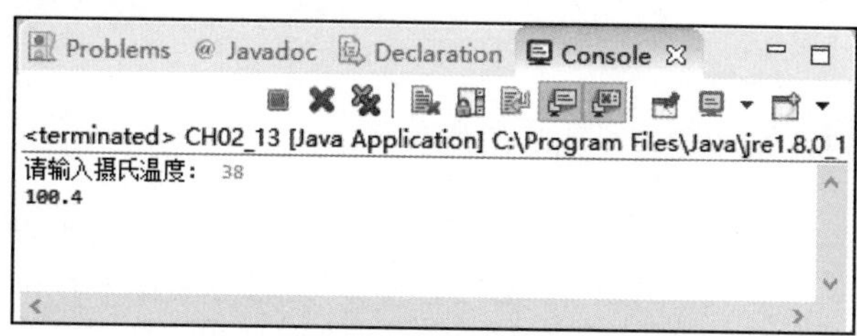

图 2-15

程序说明

- 第 11、12 行：输入摄氏温度，此处的摄氏温度设置的数据是整数。
- 第 15 行：转换成华氏温度的公式，必须将变量 c 强制转换成 double 数据类型才可以得到正确的转换结果，大家可以试着将 double 转换类型去掉，所得到的结果会损失精确度。

2.6 综合范例程序

转义序列的应用

【范例程序：CH02_14.java】

设计一个 Java 程序，使用转义序列在屏幕上显示 " 科技类图书 " 字样。

```
package ch02;

public class CH02_14 {
        public static void main (String args []){
                // 声明字符变量
                char ch=34; // 设置为双引号的 ASCII 码

```

```
                    //输出带有双引号的字符串
                    System.out.printf("%c 科技类图书 %c\n",
                      ch,ch);
                    System.out.printf("\n");
            }
    }
```

执行结果 如图 2-16 所示。

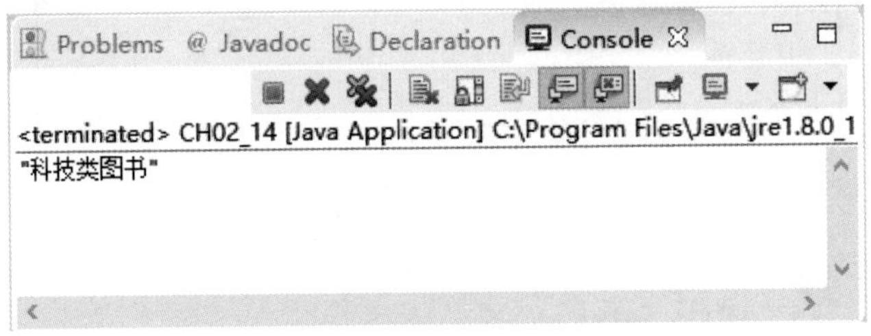

图 2-16

本章重点回顾

- 变量和常数最大的差别在于变量的值是可以改变的，而常数的值是固定不变的。
- Java 变量声明的正确方式是由数据类型加上变量名称与分号。
- 变量名称的第一个字符后可以为“字母”“$”“数字”及“_”等，英文的大小写有区别。
- final 关键字主要用于强调此关键字后的各种对象不能再被重新定义，也可以用于常数的定义。
- 整数类型分为 byte（字节）、short（短整数）、int（整数）和 long（长整数）4 种。
- 浮点数（floating point）类型指的是带有小数点的数字，也就是我们在数学上所指的实数。
- 浮点数除了一般带有小数点的表示方式之外，还有一种是科学记数的指数型表示法。e 或 E 代表以 10 为底数的科学记数表示法。

课后习题

填空题

1. Java 的浮点数又分为________浮点数和________浮点数。

2. 正确的变量声明是由变量的______加上_______与_______构成的。

3. 当想在程序中加入一个字符类型时，必须用________将字符引起来。

4. 写出下列转义字符的功能。

转义字符	功能
\n	
\t	
\\	
\"	

问答与实践题

1. 什么是变量，什么是常数？

2. 试简述变量命名必须遵守哪些规则。

3. 说明以下转义字符的含义：

（a）\t （b）\n （c）\" （d）\' （e）\\

转义字符	说明
\t	
\n	
\"	
\'	
\\	

4. 如何在设置浮点常数值时将数值转换成 float 类型？

5. 以下程序代码的输出结果是什么？

```
printf("\"\\n 是换行符 \"\n");
```

6. Java 的正确变量声明方式有哪两种？

7. Java 包括哪几种基本数据类型？

8. 试简述转义字符的意义及功能。

9. 根据功能说明填写正确的转义字符。

转义字符	说明
	水平制表符（Horizontal Tab）
	换行符（New Line）
	换页符（Form Feed）
	显示双引号（Double Quote）

第 3 章

运算符与表达式

本章重点

- 认识运算符与表达式
- 赋值运算符
- 算术运算符
- 关系运算符
- 逻辑运算符
- 递增与递减运算符
- 位运算符
- 复合赋值运算符
- 条件运算符
- 运算符优先级

无论多么复杂的程序，目的都是帮助我们从事各种运算的工作，而这些过程必须依赖表达式来完成。表达式就像我们平常所用的数学公式一样，是由运算符（operator）与操作数（operand）所组成的。在 Java 中，任何数据处理的结果都是通过表达式来完成的。通过不同的操作数与运算符的组合与设计就可以达到程序设计者所要的结果。

3.1 表达式与运算符

表达式就像平常所用的数学公式一样，例如 3+5、3/5*2-10、2-8+3/*9 等都是表达式。在 Java 语言中，操作数包括常数、变量、函数调用或其他表达式，例如以下内容为 Java 的一个表达式：

```
x=300*5*y-a+0.7*3*c;
```

其中，=、+、* 及 - 符号被称为运算符，变量 y、x、c 及常数 300、3 都属于操作数。按照表达式中运算符处理操作数个数的不同，可以分成“一元表达式”“二元表达式”和“三元表达式”3 种。下面我们简单介绍这些表达式的特性。

- 一元表达式：由一元运算符所组成的表达式，就是在运算符左侧或右侧仅有一个操作数，例如 -100（负数）、tmp--（递减）、sum++（递增）等。
- 二元表达式：由二元运算符所组成的表达式，就是在运算符两侧都有操作数，例如 A+B（加）、A=10（等于）、x+=y（递增等于）等。
- 三元表达式：由三元运算符所组成的表达式。由于此类型的运算符仅有“:?”（条件）运算符，因此三元表达式又称为“条件运算符”，例如 physical >= 60 ? 'Y':'N'。

Java 运算符的种类相当多，有赋值运算符、算术运算符、关系运算符、逻辑运算符、递增与递减运算符以及位运算符，大家可别小看这些运算符，对于程序的执行性能有着举足轻重的影响。对表达式有了基本的认识，下面我们来介绍各种运算符的功能。

3.2 赋值运算符

赋值运算符是指“=”符号，会将右侧的值设置给左侧的变量。在赋值运算符右侧可以是常数、变量或表达式，最终都会把值设置给左侧的变量；而运算符左侧只能是变量，不能是数值、函数或表达式等。

例如，表达式 X-Y=Z 就是不合法的。赋值运算符除了一次把一个数值赋值给变量外，还能够同时把同一个数值赋值给多个变量，例如：

```
int a,b,c,d,e;
d=34;  // 一次给一个变量赋值
e=19;  // 一次给一个变量赋值
a=b=c=120; // 同步给不同的变量赋值，也就是变量 a、b 及 c 的值都是 120
```

注意

初学者很容易将赋值运算符“=”的作用和数学上的“等于”功能互相混淆，在程序设计语言中，“=”主要是赋值的功能，大家可以想象成：当声明变量时，会先在内存上安排地址，再使用赋值运算符来给该变量赋值。例如“a=5; a=a+1;”可以看成是将 a 变量地址中的原数据值加 1 后的结果再重新赋值给 a 的地址，最后结果 a=6。

3.3 算术运算符

算术运算符是最常用的运算符类型，主要包含数学运算中的四则运算以及递增、递减、正 / 负数、余数等运算符。算术运算符的符号、名称与使用语法如表 3-1 所示。

表3-1

运算符	说明	使用语句	执行结果(A=35, B=7)
+	加	A + B	35+7=42
-	减	A - B	35-7=28
*	乘	A * B	35*7=245
/	除	A / B	35/7=5
%	求余数	A % B	35%7=0
+	正号	+A	+35
-	负号	-B	-7

+、-、*、/ 运算符与我们常用的数学运算方法相同，正负号运算符主要表示操作数的正 / 负值。通常设置常数为正数时可以省略 + 号，例如“a=5”与“a=+5”的意义是相同的。负号的作用除了表示常数为负数外，也可以使原来为负数的数值变成正数。余数运算符“%”用于计算两个操作数相除后的余数，而且这两个操作数必须为 int、short 或 long，例如：

```
int a=29,b=8;
System.out.printf ("%d",a%b);   // 执行结果为 5
```

币值兑换程序

【范例程序：CH03_01.java】

下面的范例程序用于示范如何将输入的金额兑换成各种不同单位的币值。

```
package ch03;

public class CH03_01 {
  public static void main (String args []){
      int hundred;// 声明整数变量
      int ten;
      java.util.Scanner input_obj=new java.util.Scanner (System.in);
      System.out.print(" 请输入任意一个整数 :");
```

```
09          int num =input_obj.nextInt();
10
11         hundred=num/100;// 求百位数
12         ten=(num/10)%10;// 求十位数
13         // 输出原来整数与百位数数字
14         System.out.printf("要兑换的金额为 %d 元 \n",num);
15         System.out.printf("共有 %d 个一百元 \n",hundred);
16         System.out.printf("共有 %d 个拾元 \n",ten);
17         System.out.printf("共有 %d 个一元硬币 \n",num %10);
18     }
19 }
```

执行结果 如图 3-1 所示。

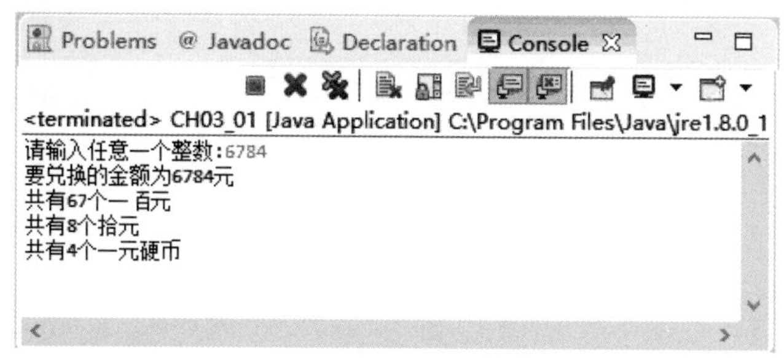

图 3-1

程序说明

- 第 05、06 行：声明整数变量 hundred、ten。
- 第 09 行：任意输入一个整数 num。
- 第 11 行：求百位数的值。
- 第 15~17 行：输出可以兑换的各种金额。

3.4 关系运算符

关系运算符主要用于比较两个数值之间的大小关系，当使用关系运算符时，所运算的结果就是成立或者不成立两种。关系成立时其结果为"真(true)"，关系不成立则其结果为"假（false）"。

在 Java 中，关系比较运算符共有 6 种，如表 3-2 所示。

表3-2

关系运算符	功能说明	用法	A=15，B=2
>	大于	A>B	15>2，结果为true
<	小于	A<B	15<2，结果为false
>=	大于等于	A>=B	15>=2，结果为true
<=	小于等于	A<=B	15<=2，结果为false
==	等于	A==B	15==2，结果为false
!=	不等于	A!=B	15!=2，结果为true

关系运算符运算

【范例程序：CH03_02.java】

下面的范例程序用于示范输出两个整数变量与各种关系运算符间的真值结果。

```
package ch03;

public class CH03_02 {
    public static void main (String args []){
        int a=30,b=53; // 声明两个整数变量
        // 关系运算符运算范例与结果
        System.out.printf("a=%d b=%d \n",a,b);
        System.out.printf("---------------\n");
        System.out.println("a>b, 比较结果 ="+(a>b));
        System.out.println("a<b, 比较结果 ="+(a<b));
        System.out.println("a>=b, 比较结果 ="+
                            (a>=b));
        System.out.println("a<=b, 比较结果 ="+
                            (a<=b));
        System.out.println("a==b, 比较结果 ="+
                            (a==b));
        System.out.println("a!=b, 比较结果 ="+
                            (a!=b));
    }
}
```

执行结果 如图 3-2 所示。

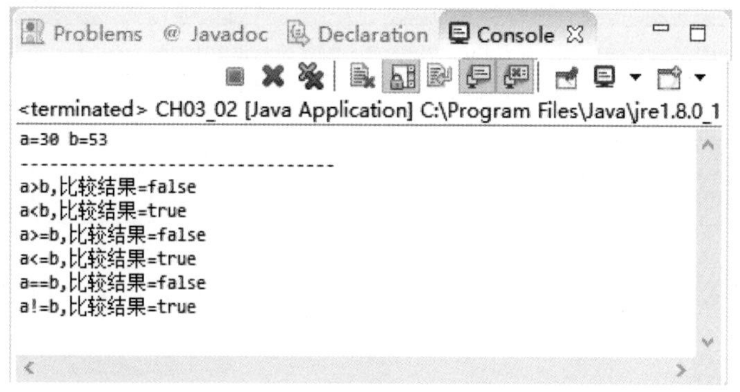

图 3-2

程序说明

- 第 05 行：声明两个整数变量 a 与 b。
- 第 07 行：输出整数变量 a、b 的值。
- 第 09~14 行：输出整数 a 与 b 六种关系运算符比较结果的值。

3.5 逻辑运算符

逻辑运算符主要运用逻辑判断来控制程序的流程，通常用于两个表达式之间的关系判断，经常与关系运算符联合使用，Java 中的逻辑运算符共有 3 种，如表 3-3 所示。

表3-3

运算符	功能	用法
&&	AND	a>b && a<c
||	OR	a>b || a<c
!	NOT	!(a>b)

1. && 运算符

当 && 运算符（AND）两边的表达式都为 true 时，其执行结果才为 true，任何一边为 false 时，执行结果都为 false。其真值表如表 3-4 所示。

表3-4

A	B	A&&B
true	false	false
true	true	true
false	true	false
false	true	false

例如：a>0 && c<0 /* 两个操作数都是 true，结果才为 true */

2. || 运算符

|| 运算符（OR）两边的表达式只要其中一边为 true，执行结果就为 true。其真值表如下表 3-5 所示。

表3-5

A	B	A&&B
true	true	true
true	false	true
false	true	true
false	false	false

例如：a>0 || c<0 /* 两个操作数只要有一个是 true，结果就为 true */

3. ! 运算符

! 运算符（NOT）是一元运算符，它会将比较表达式的结果求反输出，也就是返回与操作数相反的值。其真值表如表 3-6 所示。

表3-6

A	!A
true	false
false	true

例如：!(a>0) /* 以 ! 运算符进行 NOT 逻辑运算，当操作数为真时，取得 (a>0) 的反值（true 的反值为 false，false 的反值为 true） */

在此提醒大家，逻辑运算符也可以连续使用，例如：

```
a<b && b<c || c>a
```

当我们连续使用逻辑运算符时，它的计算顺序是从左到右，也就是先计算“a<b && b<c”，再将结果与“c>a”进行 OR 的运算。

关系与逻辑运算符的求值

【范例程序：CH03_03.java】

下面的范例程序用于输出 3 个整数间关系运算符与逻辑运算符相互运算的真值表。大家需特别留意运算符间的相互运算规则以及优先次序。

```
package ch03;

public class CH03_03 {
  public static void main (String args []){
      int a=3,b=5,c=7; // 声明 a、b 和 c 三个整数变量

      System.out.printf("a= %d b= %d c= %d\n",
                          a,b,c);
      System.out.printf("=====================\n");
      // 包含关系与逻辑运算符的表达式求值
      System.out.println("a<b&&b<c||c<a = "+
                          (a<b&&b<c||c<a));
      System.out.println("!(a==b)&&(!(a<b))="+(!(a==b)
                          &&(!(a<b))));
  }
}
```

执行结果 如图 3-3 所示。

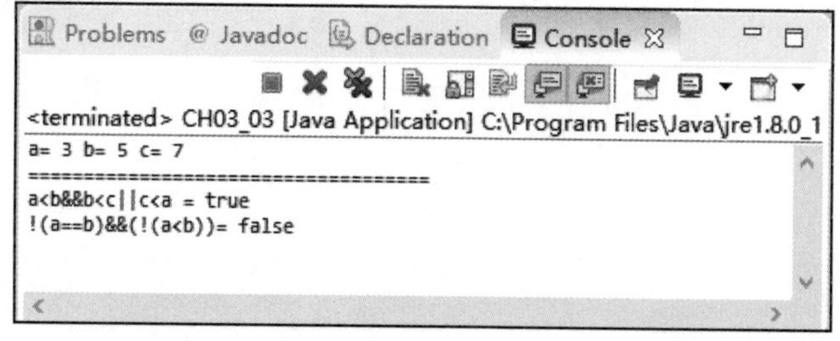

图 3-3

</> 程序说明

- 第 05 行：声明 a、b 和 c 三个整数变量。
- 第 07 行：输出 3 个整数变量 a、b、c 的值。
- 第 10、11 行：包含关系与逻辑运算符的表达式求值。

3.6 递增与递减运算符

接着介绍递增“++”和递减运算符“--”，它们是针对变量操作数加 1 和减 1 的简化写法。当 ++ 或 -- 运算符放在变量的前面时，属于“前置型”，是将变量的值先进行加 1 或减 1 的运算，而后再输出变量的值。使用方式如下：

```
++ 变量名称 ;
-- 变量名称 ;
```

例如以下程序片段：

```
int a,b;

a=20;
b=++a;
System.out.printf ("a=%d, b=%d\n",a,b);
/* 先执行 a=a+1 的操作，再执行 b=a 的操作，因此会输出 a=21,b=21 */
a=20;
b=--a;
System.out.printf ("a=%d, b=%d\n",a,b);
/* 先执行 a=a-1 的操作，再执行 b=a 的操作，因此会输出 a=19,b=19 */
```

当 ++ 或 -- 运算符放在变量的后面时，属于“后置型”，表示先将变量的值输出，再进行加 1 或减 1 的运算。使用方式如下：

```
变量名称 ++;
变量名称 --;
```

例如以下程序片段：

```
int a,b;
a=20;
b=a++;
System.out.printf ("a=%d, b=%d\n",a,b);
/* 先输出 b=a(a=20)，再执行 a=a+1 的操作，因此会打印出 a=21,b=20*/
a=20;
b=a--;
System.out.printf ("a=%d, b=%d\n",a,b);
/* 先输出 b=a(a=20)，再执行 a=a-1 的操作，因此会打印出 a=19,b=20*/
```

递增与递减运算符的实际应用范例

【范例程序：CH03_04.java】

下面的范例程序将示范前置型递增运算和递减运算以及后置型递增运算和递减运算。在运算前后的执行过程中，仔细比较输出的结果，这样自然可以更清楚地认识使用它们的方法。

```
package ch03;

public class CH03_04 {
        public static void main (String args []){
              int a,b;
              a=15;
              System.out.printf("a= %d \n",a);
              System.out.printf(" 前置型递增运算符 :
                                         b=++a\n");
              b=++a;// 前置型递增运算符
              System.out.printf("a=%d,b=%d\n",a,b);

            a=15;
            System.out.printf("a= %d \n",a);
            System.out.printf(" 后置型递增运算符 :b=a++\n");
```

```
15                 b=a++; // 后置型递增运算符
16                 System.out.printf("a=%d,b=%d\n",a,b);
17
18               a=15;
19               System.out.printf("a= %d \n",a);
20               System.out.printf("前置型递减运算符:b=--a\n");
21                 b=--a; // 前置型递减运算符
22                 System.out.printf("a=%d,b=%d\n",a,b);
23
24               a=15;
25               System.out.printf("a= %d \n",a);
26               System.out.printf("后置型递减运算符:b=a--\n");
27                 b=a--; // 后置型递减运算符
28                 System.out.printf("a=%d,b=%d\n",a,b);
29           }
30     }
```

执行结果 如图 3-4 所示。

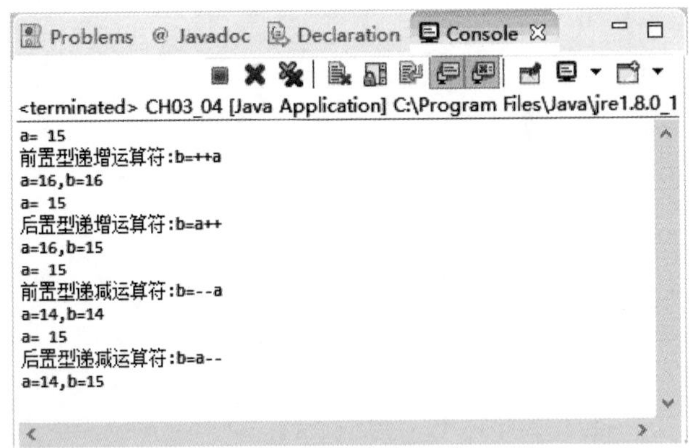

图 3-4

程序说明

- 第 05、06 行：声明整数变量 a，并赋予初始值 15。
- 第 09 行：前置型递增运算。
- 第 10 行：输出前置型递增运算后的结果。
- 第 15 行：后置型递增运算。

- 第 16 行：输出后置型递增运算后的结果。
- 第 21 行：前置型递减运算。
- 第 22 行：输出前置型递减运算后的结果。
- 第 27 行：后置型递减运算。
- 第 28 行：输出后置型递减运算后的结果。

3.7 位运算符

计算机实际处理的数据其实只有 0 与 1 组合的数据，也就是采用二进制形式的数据。因此，我们可以使用 Java 的位运算符（bitwise operator）来进行位与位之间的逻辑运算，这种运算符通常可以分为“位逻辑运算符”与“位位移运算符”两种。

3.7.1 位逻辑运算符

位逻辑运算符是特别针对整数中的位值进行计算。Java 中提供了 4 种位逻辑运算符，分别是 &（AND，即“与”）、|（OR，即“或”）、^（XOR，即“异或”）与 ~（NOT，即“非”），如表 3-7 所示。

表3-7

位逻辑运算符	说明	使用语法
&	A与B进行AND运算	A & B
|	A与B进行OR运算	A | B
~	A进行NOT运算	~A
^	A与B进行XOR运算	A^B

我们来看下面的例子。

1. &（AND）

执行 AND 运算时，对应的两个二进制位都为 1，运算结果才为 1，否则为 0。例如，a=12，则 a&38 得到的结果为 4，因为 12 的二进制表示法为 0000 1100，38 的二进制表示法为 0010 0110，两者执行 AND 运算后，结果为十进制的 4，如图 3-5 所示。

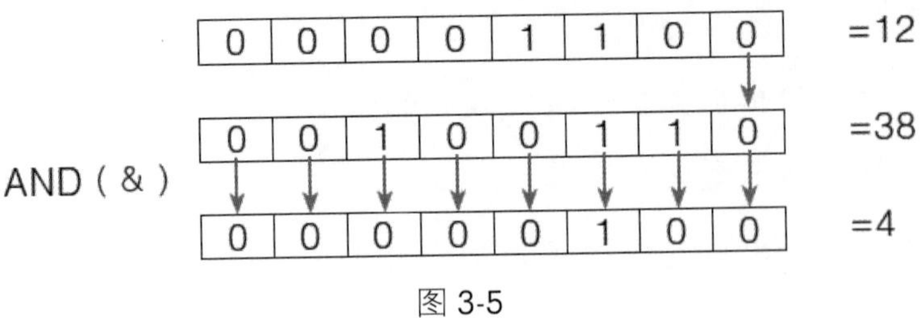

图 3-5

2. ^（XOR）

执行 XOR 运算时，对应的两个二进制位其中任意一个为 1（true），运算结果即为 1（true），不过当两者同时为 1（true）或 0（false）时，结果为 0（false）。例如 a=12，则 a^38 得到的结果为 42，如图 3-6 所示。

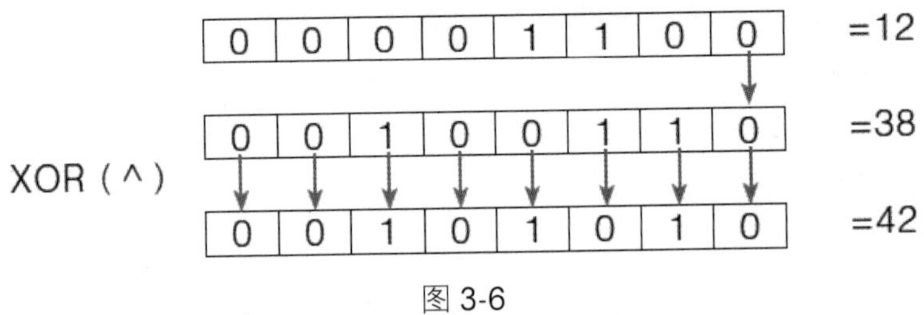

图 3-6

3. |（OR）

执行 OR 运算时，对应的两个二进制位其中任意一个为 1，运算结果为 1，也就是只有两个都为 0 时，结果才为 0。例如 a=12，则 a | 38 得到的结果为 46，如图 3-7 所示。

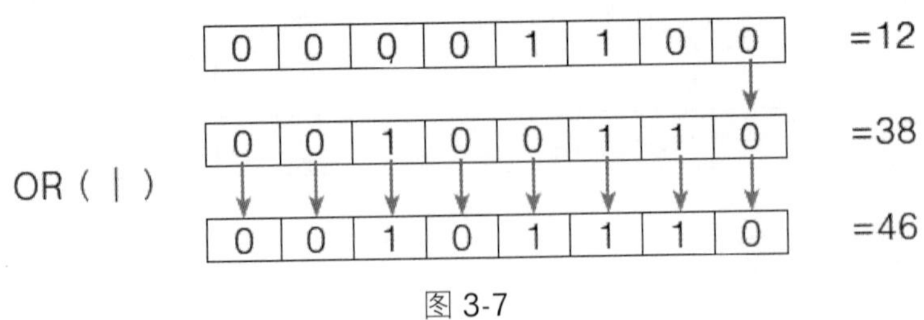

图 3-7

4. ~（NOT）

NOT 的作用是取 1 的反码，即所有二进制位取反，也就是所有位的 0 与 1 互换。例如 a=12，二进制表示法为 0000 1100，取反码后，由于所有位都会进行 0 与 1 的互换，因此运算后的结果为 -13，如图 3-8 所示。

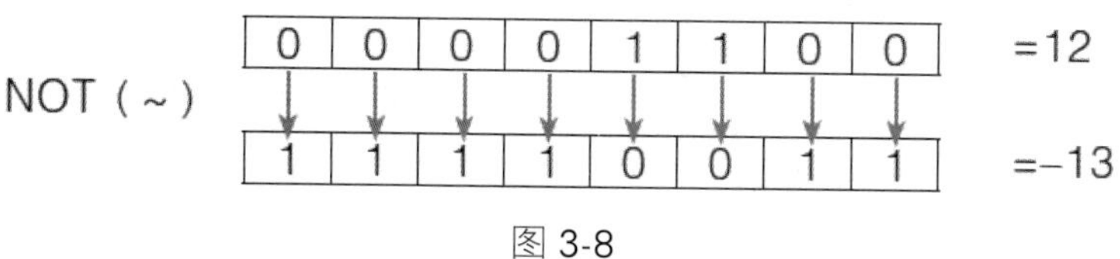

图 3-8

3.7.2 位位移运算符

位位移运算符将整数值的二进制各个位向左或向右移动指定的位数。Java 中提供了两种位位移运算符，如表 3-8 所示。

表3-8

位位移运算符	说明	使用语法
<<	A左移n位的运算	A<<n
>>	A右移n位的运算	A>>n

1. <<（左移）

左移运算符（<<）可将操作数向左移动 n 位，左移后超出存储范围的位舍去，右边空出的位则补 0。语法格式如下：

```
a<<n
```

例如，表达式“12<<2”，数值 12 的二进制值为 0000 1100，向左移动 2 位后成为 0011 0000，也就是十进制的 48，如图 3-9 所示。

左移（<<）
0 0 0 0 1 1 0 0 =12
0 0 1 1 0 0 0 0 =48

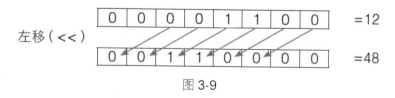

图 3-9

2. >>（右移）

右移运算符（>>）与左移相反，可将操作数内容右移 n 位，右移后超出存储范围的位舍去。请留意这时右边空出的位，如果这个数是正数则补 0，负数则补 1。语法格式如下：

```
a>>n
```

例如，表达式“12>>2”，数值 12 的二进制值为 0000 1100，向右移动 2 位后成为 0000 0011，也就是十进制的 3，如图 3-10 所示。

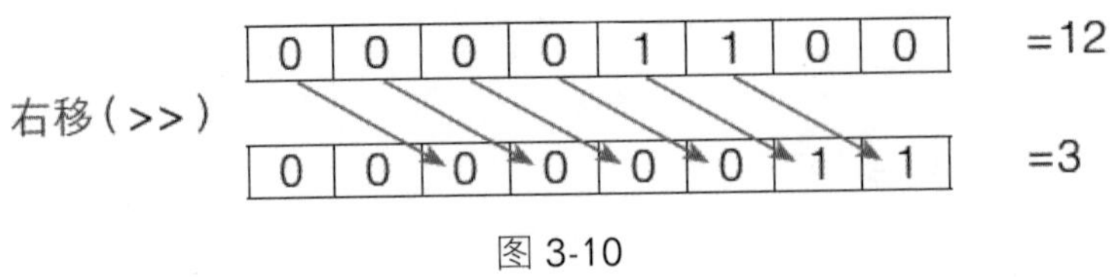

图 3-10

位运算符的综合运用

【范例程序：CH03_05.java】

下面的范例程序将实现上述图解的运算过程，在程序中声明 a=12，对 38 进行 4 种位逻辑运算符的运算并输出结果，并对 a 分别左移与右移两位运算并输出结果。

```
package ch03;

public class CH03_05 {
    public static void main (String args []){
        int a=12;

        System.out.printf("%d&38=%d\n",a,a&38);
        // AND 运算
        System.out.printf("%d|38=%d\n",a,a|38);
        // OR 运算
        System.out.printf("%d^38=%d\n",a,a^38);
        // XOR 运算
        System.out.printf("~%d=%d\n",a,~a);
        // NOT 运算
        System.out.printf("%d<<2=%d\n",a,a<<2);
        // 左移运算
        System.out.printf("%d>>2=%d\n",a,a>>2);
        // 右移运算
```

```
13              }
14      }
```

执行结果 如图 3-11 所示。

```
Problems  @ Javadoc  Declaration  Console
<terminated> CH03_05 [Java Application] C:\Program Files\Java\jre1.8.0_1
12&38=4
12|38=46
12^38=42
~12=-13
12<<2=48
12>>2=3
```

图 3-11

程序说明

- 第 05 行：声明整数变量 a，设置初始值为 12。
- 第 07 行：a 与 38 进行 AND 运算，并输出结果。
- 第 08 行：a 与 38 进行 OR 运算，并输出结果。
- 第 09 行：a 与 38 进行 XOR 运算，并输出结果。
- 第 10 行：a 与 38 进行 NOT 运算，并输出结果。
- 第 11 行：a 向左移动 2 位，并输出结果。
- 第 12 行：a 向右移动 2 位，并输出结果。

3.8 复合赋值运算符

在 Java 中还有一种复合赋值运算符，是由赋值运算符“=”与其他运算符组合而成的。先决条件是“=”右边的源操作数必须有一个和左边接收赋值数值的操作数相同，如果一个表达式含有多个复合赋值运算符，运算过程必须是从右边开始，逐步进行到左边。语法格式如下：

```
a op= b;
```

此表达式的含义是将 a 的值与 b 的值以 op 运算符进行计算，然后将结果赋值给 a。

例如以“A += B;”语句来说，它就是语句“A=A+B;”的精简写法，也就是先执行 A+B 的计算，接着将计算结果赋值给变量 A。这类运算符的说明及使用语法如表 3-9 所示。

表3-9

运算符	说明	使用语法
+=	加法赋值运算	A += B
-=	减法赋值运算	A -= B
*=	乘法赋值运算	A *= B
/=	除法赋值运算	A /= B
%=	余数赋值运算	A %= B
&=	AND位赋值运算	A &= B
|=	OR位赋值运算	A |= B
^=	XOR位赋值运算	A ^= B
<<=	位左移赋值运算	A <<= B
>>=	位右移赋值运算	A >>= B

复合赋值运算符的实际应用

【范例程序：CH03_06.java】

下面的范例程序是复合赋值运算符的实践过程，已知 a=b=5、x=10、y=20、z=30，计算经过 x*=a+=y%=b-=z*=5 之后 x 的值。

```
package ch03;

public class CH03_06 {
        public static void main (String args []){
            int a, b;
            int x=10,y=20,z=30;// 声明 x、y、z 变量并设置初始值
            a=b=5;// 设置整数变量 a 与 b 的初始值
            System.out.printf("a= %d, b= %d\n",a,b);
```

```
                    // 输出 a 与 b 的值
09                  System.out.printf("x=%d,y=%d,z=%d\n",x,y,z);
                    // 输出 x、y、z 的值
10              System.out.printf("计算式:x*=a+=y%%=b-=z*=5\n");
11              x*=a+=y%=b-=z*=5;// 使用复合赋值运算符计算以上算式
12              System.out.printf("x=%d\n",x);// 输出 x 的值
13      }
14 }
```

执行结果 如图 3-12 所示。

```
Problems  @ Javadoc  Declaration  Console
<terminated> CH03_06 [Java Application] C:\Program Files\Java\jre1.8.0_1
a= 5, b= 5
x= 10, y= 20, z= 30
计算式:x*=a+=y%=b-=z*=5
x=250
```

图 3-12

程序说明

- 第 05 行：声明 a、b 为整数变量。
- 第 06 行：声明 x、y、z 变量并设置初始值。
- 第 08 行：输出整数变量 a 与 b 的值。
- 第 09 行：输出整数变量 x、y、z 的值。
- 第 10 行：使用复合赋值运算符计算以上算式。
- 第 12 行：输出变量 x 经过运算后的值。

3.9 条件运算符

条件运算符（?:）是一种“三元运算符”，可以通过条件判断式的真假值来返回指定的值。使用语法如下：

```
条件判断式 ? 语句1: 语句2
```

条件运算符首先会执行条件判断式，如果条件判断式的结果为真，就会执行语句1；如果结果为假，就会执行语句2。例如，可以使用条件运算符来判断所输入的数字为偶数还是奇数：

```
java.util.Scanner input_obj=new java.util.Scanner(System.in);
System.out.print("请输入任意一个整数 :");
int number =input_obj.nextInt();

(number%2==0)? System.out.println("输入数字为偶数")
: System.out.println ("输入数字为奇数\n");
```

条件运算符的使用

【范例程序：CH03_07.java】

下面的范例程序使用条件运算符来判断所输入的两科成绩，判断是否都大于60分，如果是，就代表及格，将会输出Y字符，否则输出N字符。

```
package ch03;

public class Ch03_07 {
        public static void main (String args []){

          char chr_pass;  // 声明表示合格的字符变量

          java.util.Scanner input_obj=new java.util.Scanner
          (System.in);
          System.out.print("请输入数学成绩 :");
          int math =input_obj.nextInt();
          System.out.print("请输入物理成绩 :");
          int physical =input_obj.nextInt();

          System.out.printf("数学 = %d分  物理 = %d分 \n"
                    ,math,physical);
```

```
16            // 使用条件运算符来判断两科成绩是否都及格
17            chr_pass=((math >= 60) && (physical >= 60))?
              'Y':'N';
18
19            // 输出 chr_pass 变量内容，显示该考生是否合格
20            System.out.printf( "该名考生是否都及格了？ %c\n",
              chr_pass);
21        }
22 }
```

执行结果 如图 3-13 所示。

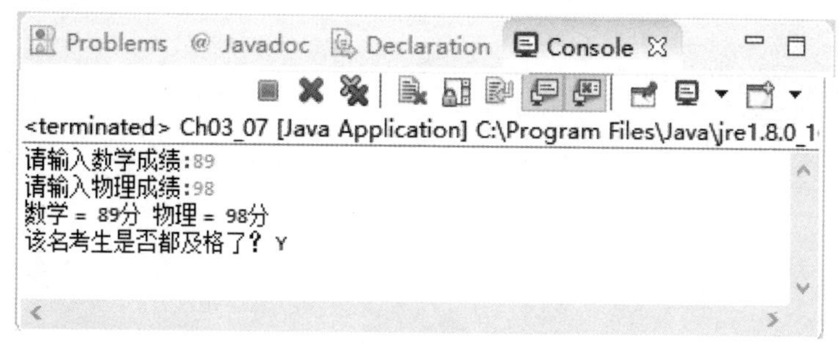

图 3-13

程序说明

- 第 06 行：声明表示合格的字符变量。
- 第 10、12 行：声明两个变量并输入两科成绩。
- 第 17 行：使用条件运算符来判断两科成绩是否都及格。
- 第 20 行：输出 chr_pass 变量内容，显示该考生是否合格。

3.10 运算符优先级

一个表达式中往往包含许多运算符，如何来安排彼此间执行的先后顺序呢？这时就需要按照优先级来建立运算规则。当表达式使用超过一个运算符时，例如 z=a+4*b，就必须考虑运算符的优先级。记得我们小时候在上数学课时，最先背诵的口诀就是“先乘除，后加减”，这就是优先级的基本概念。

当我们遇到一个 Java 表达式时，首先需要区分出运算符与操作数。接下来按照运算符的优先级进行整理，当然也可以使用括号“()”来改变优先级。最后从左到右考虑运算符的结合性（associativity），也就是遇到相同优先等级的运算符会从最左边的操作数开始进行运算。表 3-10 列出了 Java 中各种运算符计算时的优先级。

表3-10

运算符优先级	说明
()	括号，从左到右
! -	逻辑运算NOT 负号
++、--	递增与递减运算符，从右到左
* / %	乘法运算 除法运算 余数运算，从左到右
+ -	加法运算 减法运算，从左到右
<< >>	位左移运算 位右移运算，从左到右
> >= < <= == !=	比较运算，大于 比较运算，大于等于 比较运算，小于 比较运算，小于等于 比较运算，等于 比较运算，不等于，从左到右
& ^ |	位运算AND，从左到右 位运算XOR 位运算OR，从左到右
&& ||	逻辑运算AND 逻辑运算OR，从左到右
?:	条件运算符，从右到左
=	赋值运算，从右到左

运算符优先级的实际运用

【范例程序：CH03_08.java】

下面的范例程序用来测试大家对运算符优先级的了解，大家试着先用纸笔计算出结果，再确认是否与程序输出的结果一致。

```
int a,b,c;
a=12;b=30;
c= a*19+(b+7%2)-20*7%(b%7)-++a;
System.out.printf ("c=%d\n",c);
```

```
01      package ch03;
02
03      public class CH03_08 {
04              public static void main (String args []){
05                      int a,b,c;// 声明a、b、c为整数变量
06                      a=12;b=30;
07
08                      c=a*19+(b+7%2)-20*7%(b%7)-++a;
09                      // 按运算符优先级计算
10                      System.out.printf("a=%d b=%d\n",a,b);
11                      System.out.printf("最后的计算结果=%d\n",c);
12              }
13      }
```

执行结果 如图 3-14 所示。

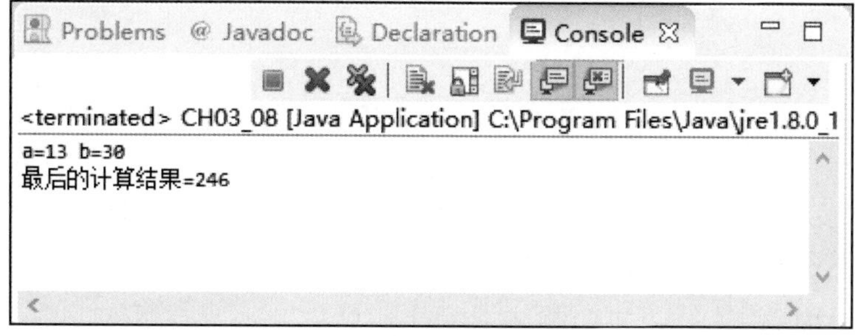

图 3-14

程序说明

- 第 05 行：声明 a、b、c 为整数变量。
- 第 06 行：设置 a、b 变量的初始值。
- 第 08 行：按运算符优先级进行计算。
- 第 10 行：输出 a、b 整数变量的值。
- 第 11 行：输出最后的计算结果 c。

3.11 综合范例程序

成绩统计小帮手

【范例程序：CH03_09.java】

设计一个Java程序，输入学生的学号与三科成绩，并输出学号、各科成绩、总分与平均分。

```
package ch03;
import java.io.*;

public class CH03_09 {
    public static void main(String args[]) throws IOException {

    java.util.Scanner input_obj=new java.util.Scanner(System.in);
    float total,ave;

    System.out.print("请输入学生的学号：");
    int no =input_obj.nextInt();
    System.out.println("请输入 语文 英语 数学成绩：");
    System.out.print("语文=");
    int Chi =input_obj.nextInt();
    System.out.print("英语=");
    int Eng =input_obj.nextInt();
    System.out.print("数学=");
    int Math =input_obj.nextInt();
    total=Chi+Eng+Math; // 计算三项总分
    ave=total/3;      // 计算平均成绩
    // 画出间隔线
    System.out.println("********************************");
    System.out.printf("学号：%d\n",no);
```

```
    System.out.println("语文\t英语\t数学\t总分\t平均分");
  System.out.printf("%d\t%d\t%d\t%.0f\t%.1f\n",Chi,Eng,Math,
total,ave);
    System.out.println("*****************************");
    }
}
```

执行结果 如图 3-15 所示。

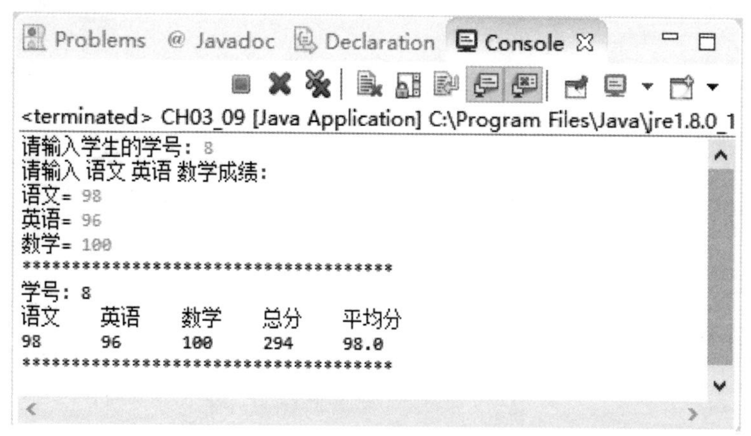

图 3-15

本章重点回顾

- 表达式是由运算符（operator）与操作数（operand）所组成的。在 Java 语言中，操作数包括常数、变量、函数调用或其他表达式。
- 表达式中按照运算符处理操作数个数的不同可以分成“一元表达式”“二元表达式”和“三元表达式”3 种。
- 赋值运算符就是指“=”符号，会将它右侧的值指定给左侧的变量。
- 关系运算符主要用于比较两个数值之间的大小关系。当使用关系运算符时，所运算的结果就是成立或者不成立两种。
- 逻辑运算符主要是运用逻辑判断来控制程序的流程，用于两个表达式之间的关系判断，经常与关系运算符合用，Java 中的逻辑运算符共有 3 种：&&、||、!。
- 递增运算符“++”和递减运算符“--”是对变量操作数加 1 和减 1 的

简化写法。

- 位运算符（bitwise operator）用于位与位之间的逻辑运算，分为“位逻辑运算符”与“位位移运算符”两种。
- 复合赋值运算符是由赋值运算符（=）与其他运算符组合而成的。
- 条件运算符（?:）是一种“三元表达式”，可以通过条件判断式的真假值来返回指定的值。

课后习题

填空题

1. ________会将它右侧的值指定（赋值）给左侧的变量。

2. 位运算符分为________与_________两种。

3. 表达式是由________与_________所组成的。

4. ________是一元运算符，会将比较表达式的结果求反输出。

5. ________是一种三元运算符，可以通过条件判断式的真假值来返回指定的值。

6. ________是由赋值运算符（=）与其他运算符组合而成的。

7. ________运算符主要用于比较两个数值之间的大小关系。

问答与实践题

1. 若 a=15，则“a&10”的结果是多少？

2. 已知 a=b=5、x=10、y=20、z=30，计算 x*=a+=y%=b-=z/=3，最后 x 的值是多少？

3. 下面这个程序用于进行除法运算，如果想得到较精确的结果，请问当中有什么错误？

```
public static void main (String args [])
{
     int x = 13, y = 5;
     System.out.printf ("x /y = %f\n", x/y);
}
```

4. 试说明 ~NOT 运算符的作用。

5. Java 中的“==”运算符与“=”运算符有什么不同？

6. 已知 a=20、b=30，计算下列各式的结果：

```
a-b%6+12*b/2
(a*5)%8/5-2*b
(a%8)/12*6+12-b/2
```

7. 以下程序代码的打印输出结果是什么？

```
int a=5, b;
b=a+++a--;
System.out.printf("%d\n",b);
```

第 4 章

条件式流程控制

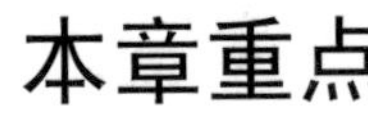

本章重点

- 认识 3 种流程控制结构
- if 条件语句
- if-else 条件语句
- if else if 条件语句
- switch 多选一语句

程序设计语言经过数十年的不断发展，结构化程序设计（Structured Programming）慢慢成为程序开发的主流，其主要思想是将整个程序从上而下按序执行。Java 虽然是一种纯粹的面向对象程序设计语言，但仍然提供了结构化程序设计的基本流程结构。Java 主要是按照源代码的顺序从上而下执行，不过有时也会根据需要来改变顺序，此时就可由流程控制语句来告诉计算机应该优先以哪种顺序来执行指令。

4.1 流程控制简介

结构化程序设计的特色包括三种流程控制结构：顺序结构、选择结构以及重复结构。通常结构化程序设计具备表 4-1 所示的 3 种控制流程，对于一个结构化程序，无论其结构如何复杂，都可以利用基本的控制流程来进行表达。

表4-1

流程结构名称	概念示意图
顺序结构 逐步编写程序代码	
选择结构 根据某些条件进行逻辑判断	条件成立？ 是 否

（续表）

流程结构名称	概念示意图
重复结构 根据某些条件决定是否重复执行某些程序语句	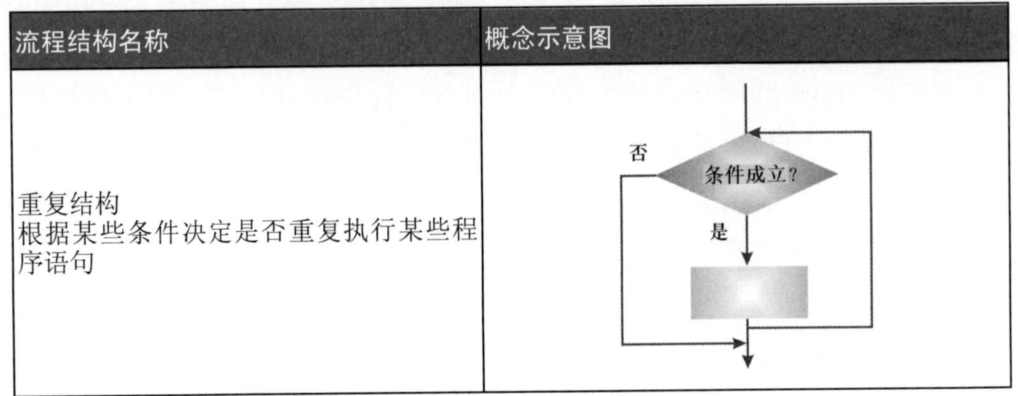

本章先为大家介绍顺序结构和选择结构的内容与指令。

顺序结构

顺序结构就是程序中的语句（或指令）从上而下一个接着一个，没有任何转折地执行，如图 4-1 所示。

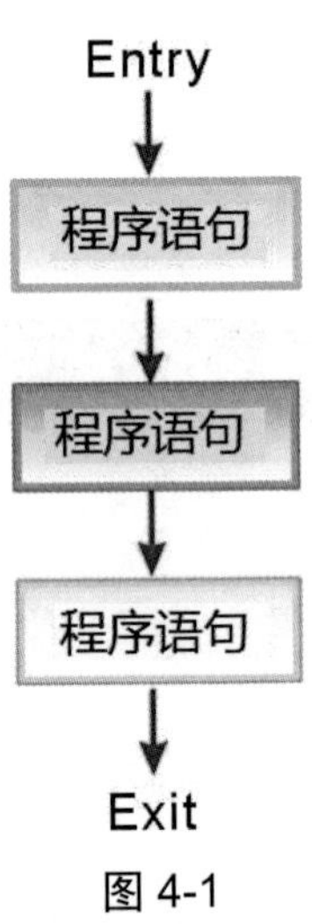

图 4-1

我们知道语句（statement）是 Java 最基本的执行单位，每一行语句都必须加上分号“;”作为结束。在 Java 程序中，我们可以使用大括号“{}”将多条语句括起来，这样以大括号“包围”的多行语句就称作程序语句区块（statement block）。在 Java 中，程序语句区块可以被看作最基本的指令区块，使用上就像一般的程序指令，而它也是顺序结构中最基本的单元。格式如下：

```
{
    程序语句;
    程序语句;
    程序语句;
}
```

例如，下面的程序就是一个典型的顺序结构程序区块，执行流程自上而下，一条语句接着一条语句执行：

```
{
```

```
    int a;
    int b;

    a=5;
    b=10;
    b=a+100;
}
```

4.2 选择结构

选择结构（Selection Structure）是一种条件控制，就像我们走到了一个十字路口，不同的目的地有不同的方向，可以根据不同的情况来选择方向，如图 4-2 所示。

图 4-2

选择结构对于程序设计语言而言就是一种条件控制语句，它包含一个条件判断表达式，如果条件为真（true），就执行某些程序语句，一旦条件为假（false），则执行另一些程序语句，如图 4-3 所示。

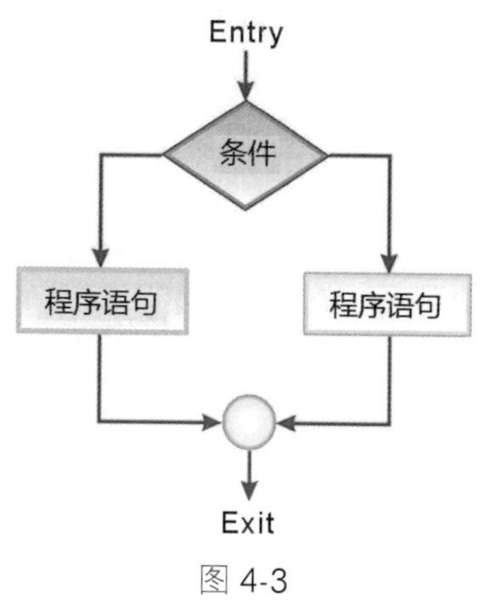

图 4-3

选择结构必须配合逻辑判断表达式来建立条件语句，除了之前介绍过的条件运算符外，

Java 中提供了 3 种条件控制语句：if、if-else 以及 switch，通过这些语句可以让我们在程序编写上有更丰富的逻辑性。

4.2.1 if 条件语句

对于 Java 程序来说，if 条件语句是相当普遍且实用的语句。当 if 条件判断表达式成立时，程序将执行括号内的语句，否则不执行括号内的语句，并结束 if 语句，流程图如图 4-4 所示。

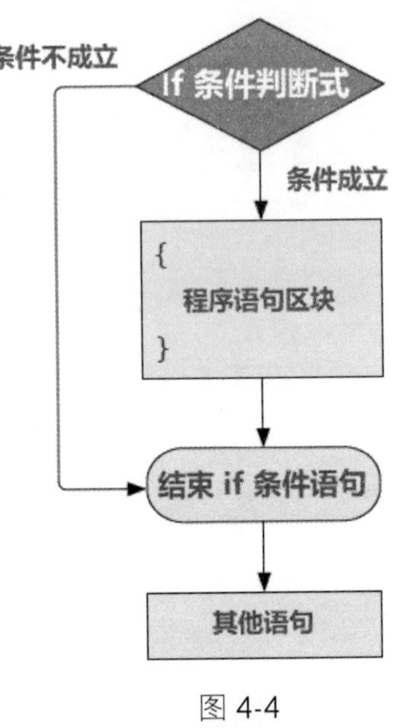

图 4-4

在 if 语句下执行多行程序代码的语句称为程序语句区块，此时必须按照前面介绍的语法以大括号“{}”将这些语句括起来。if 语句的语法格式如下：

```
if （条件判断表达式）
{
    程序语句区块；
}
```

如果 {} 区块只包含一条程序语句，就可省略括号“{}”，语法如下：

```
if （条件判断表达式）
   程序语句；
```

接着我们以下面的两个例子来说明。

例 1：

```
// 多行语句
    if(test_score>=60){
        System.out.println("You Pass!");
        System.out.printlf("Your score is %d\n",
                                    test_score);
    }
```

例 2：

```
// 单行指令
if(test_score>=60)
    System.out.println("You Pass!");
```

消费满额赠送来店礼品

【范例程序：CH04_01.java】

下面的范例程序是某一家百货公司准备年终回馈顾客，使用 if 语句设计的，只要所输入的消费额满 2000 元即赠送来店礼品。

```
package ch04;

public class CH04_01 {
    public static void main (String args []){
        java.util.Scanner input_obj=new java.util.Scanner
            (System.in);
          System.out.print("请输入总消费金额：");
          int charge =input_obj.nextInt(); // 声明 charge 变量

        if(charge>=2000)    // 如果消费金额大于等于 2000
          System.out.print("请到 10 楼领取周年庆礼品 \n");
    }
}
```

执行结果 如图 4-5 所示。

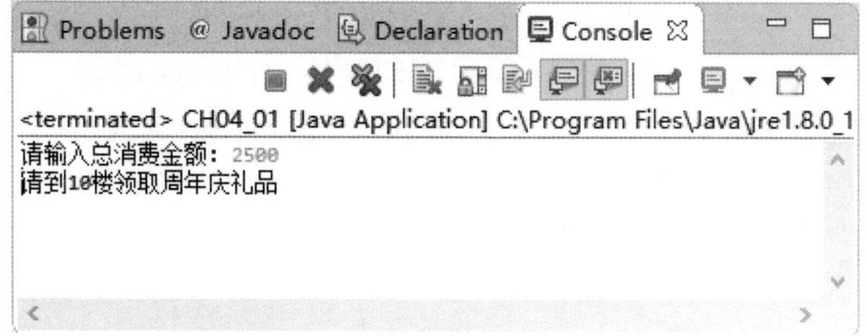

图 4-5

程序说明

- 第 07 行：声明 charge 为整数变量，并要求输入消费金额。
- 第 09 行：使用 if 语句来执行条件判断式，如果消费金额大于等于 2000，就执行第 10 行的输出语句。

如果想在其他情况下再执行某些操作，也可以使用重复的 if 语句来加以判断。下面的程序代码中使用了两条 if 语句，可以让用户输入一个数值，并可由所输入的数字选择计算出立方值或平方值。

```
if(select=='1')
{
    ans=a*a;  // 计算 a 的平方值并赋值给变量 ans
    System.out.printf("平方值为: %d\n", ans);
}/* 第一条 if 语句 */

if(select=='2')
{
    ans=a*a*a;  // 计算 a 的立方值并赋值给变量 ans
    System.out.printf("立方值为: %d\n", ans); // 显示立方值
} /* 第二条 if 语句 */
```

4.2.2 if-else 条件语句

虽然使用多重 if 条件语句可以解决各种条件下的不同执行问题，但始终还是不够精练，这时 if-else 条件语句就可以派上用场了。if-else 条件语句可以让选择结构的程序代码可读性更高。它提供了两种不同的选择：当 if 的条件判断表达式成立时，将执行 if 程序语句区块内的程序语句；否则执行 else 程序语句区块内的程序语句，最后结束 if 语句，如图 4-6 所示。

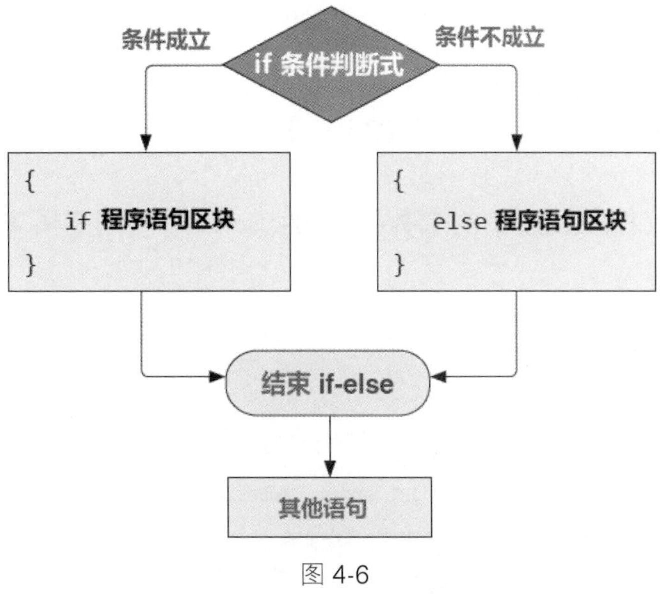

图 4-6

if-else 语句的语法格式如下：

```
if （条件判断表达式）
{
   程序区块；

}
else
{
  程序区块；

}
```

当然，如果 if-else{} 区块内仅包含一条程序语句，就可以省略括号 {}，语法如下：

```
if （条件判断表达式）
单条语句；
else
单条语句；
```

奇偶数判断器

【范例程序：CH04_02.java】

下面的范例程序使用 2 的余数值与 if-else 语句来判断所输入的数字是奇数或偶数。

```
package ch04;

public class Ch04_02 {
    public static void main (String args []){
      java.util.Scanner input_obj=new java.util.Scanner
       (System.in);
          System.out.print("请输入一个数字：");
          int num =input_obj.nextInt(); // 声明整数变量

          if(num%2!=0)       // 如果整数除以 2 的余数不等于 0
               System.out.println("输入的数为奇数。");
                                                    // 就显示奇数
        else                                        // 否则
             System.out.println("输入的数为偶数。");
                                                    // 就输出偶数
    }
}
```

执行结果 如图 4-7 所示。

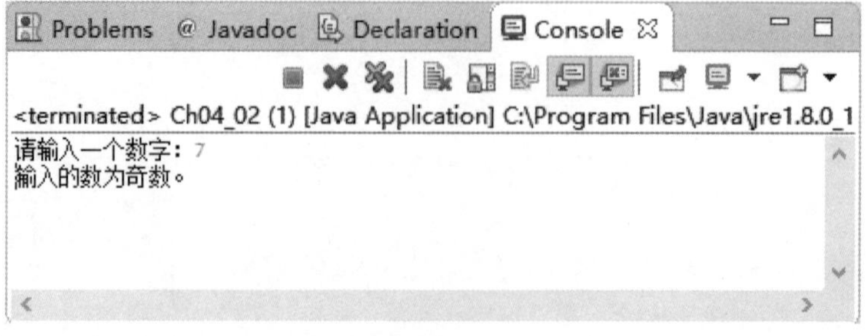

图 4-7

程序说明

- 第 07 行：声明 num 为整数变量，并要求输入一个正整数。
- 第 09~12 行：使用 if-else 语句与余数运算符 % 来判断 num 是否为 2 的倍数。

在条件判断复杂的情况下，有时会出现 if 条件语句所包含的复合语句中又有另一层 if 条件语句。这样多层的选择结构称作嵌套 if 条件语句。在 Java 中，并非每个 if 都会有对应的 else，但是 else 一定对应最近的一个 if。我们先来研究一下下面的程序代码，输入 score 为 80，看看会发生什么问题？

```
java.util.Scanner input_obj=new java.util.Scanner(System.in);
  int score =input_obj.nextInt();

   if(score >= 60)
     if(score ==100)
     System.out.println ("满分 !");
     else
     System.out.println ("成绩不及格 !");
```

执行结果竟然显示成绩不及格，原因是 else 的配对出了问题。由于在 Java 中 else 一定对应最近的一个 if，程序代码中的 else 语句对应到 if (score ==100) 语句，虽然编译仍然会成功，但是程序有逻辑错误。我们只要适当加上“{}”，修改为以下程序代码，就不会有任何问题了：

```
java.util.Scanner input_obj=new java.util.Scanner(System.in);
int score =input_obj.nextInt();

   if(score >= 60)
   {
        if(score ==100)
        System.out.println ("满分 !");
}
   else
     System.out.println ("成绩不及格 !");
```

4.2.3 if else if 条件语句

接下来介绍 if else if 条件语句，这是一种多选一的条件语句，让用户在 if 语句和 else if 中选择符合条件判断表达式的程序语句区块，如果以上条件判断表达式都不符合，就会执行最后的 else 语句，也可看成是一种嵌套 if else 结构。语法格式如下：

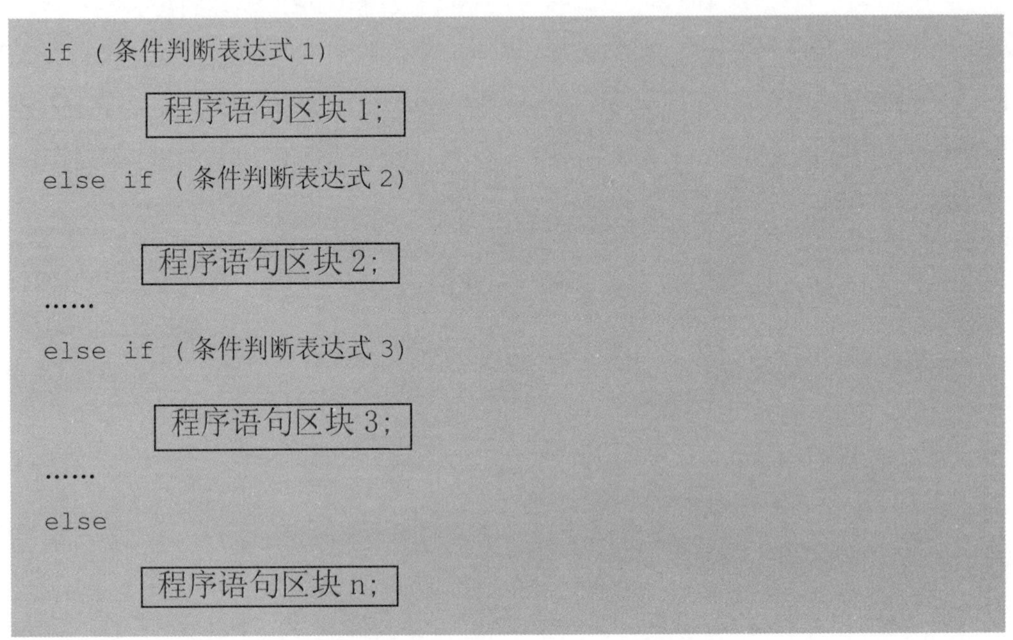

```
if （条件判断表达式 1)
        程序语句区块 1;
else if （条件判断表达式 2)
        程序语句区块 2;
……
else if （条件判断表达式 3)
        程序语句区块 3;
……
else
        程序语句区块 n;
```

如果条件判断表达式 1 成立，就执行程序语句区块 1，否则执行 else if 之后的条件判断表达式 2；如果条件判断表达式 2 成立，就执行程序语句区块 2，否则执行 else if 之后的条件判断表达式 3。以此类推，如果都不成立，就执行最后一个 else 的程序语句区块 n。if else if 条件语句的流程图如图 4-8 所示。

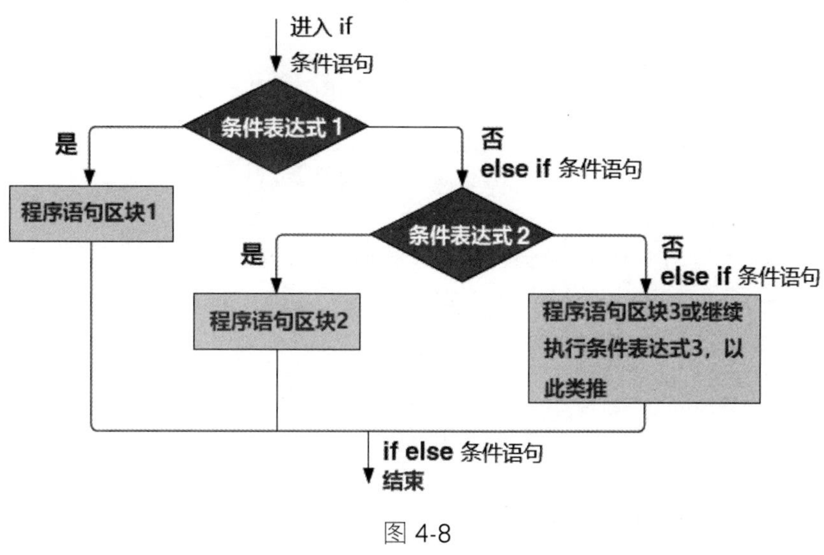

图 4-8

消费额折扣回馈

【范例程序：CH04_03.java】

下面编写消费额折扣回馈范例程序，首先让消费者输入购买金额，根据不同的消费等级有不同的折扣，使用 if else if 语句来输出最后要花费的金额。消费金额对应的折扣数目如表 4-2 所示。

表4-2

消费金额	折扣数目
15000元以上（包含15000元）	20%
5000元~15000元（包含5000元，不含15000元）	15%
5000元以下	10%

```
package ch04;

public class CH04_03 {
    public static void main (String args []){
    java.util.Scanner input_obj=new java.util.Scanner
    (System.in);
    System.out.println(" 请输入消费总金额 :");
    double cost=input_obj.nextDouble();
```

```
08      if(cost>=15000)
09           cost= cost*0.8;// 15000 元以上打 8 折
10      else if(cost>=5000)
11           cost=cost*0.85; // 5000 元到 15000 元之间打 85 折
12      else
13           cost=cost*0.9;// 5000 元以下打 9 折
14      System.out.printf("实际消费总额：%.1f 元\n",cost);
15       // 消费金额输出时保留到小数点后一位
16      }
17 }
```

执行结果》 如图 4-9 所示。

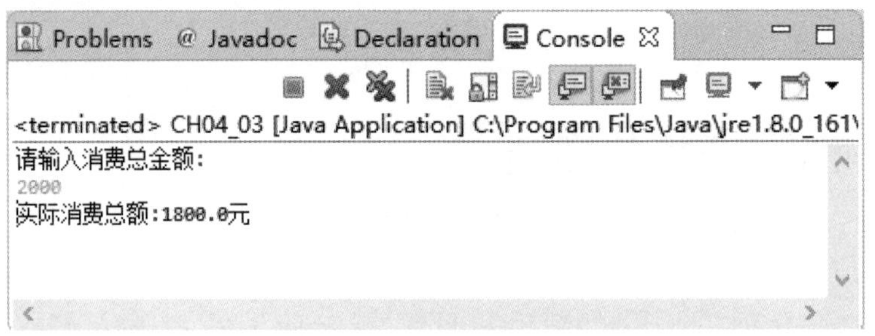

图 4-9

程序说明》

- 第 07 行：输入消费金额。
- 第 08~13 行：使用 if-else if 语句分别判断消费金额可打的折扣。
- 第 14 行：输出消费金额，输出时保留到小数点后一位。

阶梯电价查询程序

【范例程序：CH04_04.java】

下面编写阶梯电价查询范例程序，先由用户输入每月用电量，使用 if else if 语句与逻辑运算符来设计一个程序，向查询的用户显示自己当月最高电价段每度的单价。用电量度数与单价的对应表如表 4-3 所示。

表4-3

度数	1～100度	101～200度	201～300度	300度以上
单价	0.5元	0.8元	1.2元	1.8元

注意

为了编程的需要，这个表中的阶梯电价数据是虚构的。如果要将该程序用于实际生活中，就需要填写实际阶梯电价的数据。

```
package ch04;

public class CH04_04 {
    public static void main (String args []){
        java.util.Scanner input_obj=new java.util.Scanner
        (System.in);
        int degree; float price;

        System.out.println("请输入用电度数:");
        degree =input_obj.nextInt();
        if(degree>=1 && degree<=100)
            price=0.5f;  // 1~100度
        else if (degree>=101 && degree<=200)
            price=0.8f;  // 101~200度
        else if (degree>=201 && degree<=300)
            price=1.2f;  // 201~300度
        else
            price=1.8f;  // 300度以上
        System.out.printf("本月用电%d度,最高阶梯电价部分的
                                 电价为%3.2f元\n"
                         ,degree,price);
          // 输出本月用电量最高阶梯电价的每度价格
    }
}
```

执行结果 如图 4-10 所示。

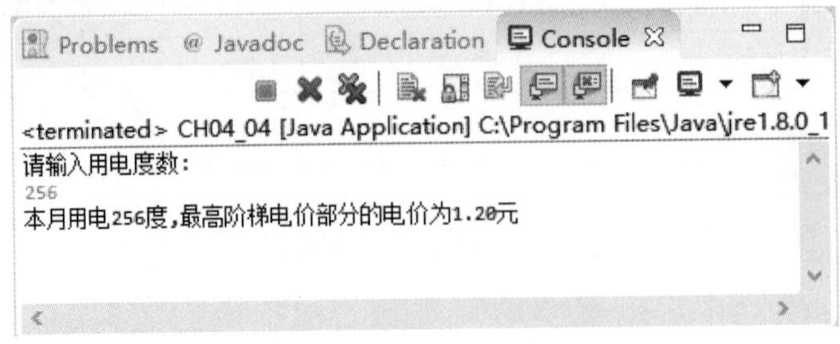

图 4-10

程序说明

- 第 06 行：声明两个整数变量 degree、price。
- 第 09 行：输入本月用电度数。
- 第 10、11 行：1~100 度内的每度电价。
- 第 12、13 行：101~200 度内的每度电价。
- 第 14、15 行：201~300 度内的每度电价。
- 第 17 行：300 度以上的每度电价。

4.2.4 switch 选择语句

if else if 条件语句虽然可以实现多选一的结构，可是当条件判断表达式增多时，使用起来就不如 switch 条件语句简洁、易懂，特别是过多的 else-if 语句常会为日后的程序维护带来困扰。switch 条件语句的语法如下：

```
switch(表达式)
{
 case 数值1:
      程序语句区块 1;
         break;

 case 数值2:
      程序语句区块 2;
         break;
```

```
           .
           .
           .
 default:
   ┌──────────┐
   │ 程序语句； │      }   default 语句可以省略
   └──────────┘
}
```

如果程序语句区块只包含一条语句，就可以将程序语句接到常数表达式之后，例如：

```
switch(表达式)
{
 case 数值1:  程序语句1;
             break;
 case 数值2:  程序语句2;
             break;

 default: 程序语句;
}
```

在 switch 条件语句中，首先求出表达式的值，特别是这个值只能是字符或整数常数，再将此值与 case 的常数值进行比较。如果找到相同的结果值，就执行相对应的 case 内的程序语句区块内的语句；如果找不到符合的常数值，最后会执行 default 语句，如果没有 default 语句，就结束 switch 语句。default 的作用有点像 if else if 语句中最后一条 else 语句的功能。

在每条 case 语句最后必须加上一条 break 语句来结束，这有什么作用呢？在 Java 中，break 语句的主要用途是跳出程序语句区块，当执行完任何 case 区块后，并不会直接离开 switch 区块，而是往下继续执行其他 case，这样会浪费运行时间且会发生错误，只有加上 break 指令才可以跳出 switch 语句。

下面先简单说明 switch 语句的执行流程图，如图 4-11 所示。

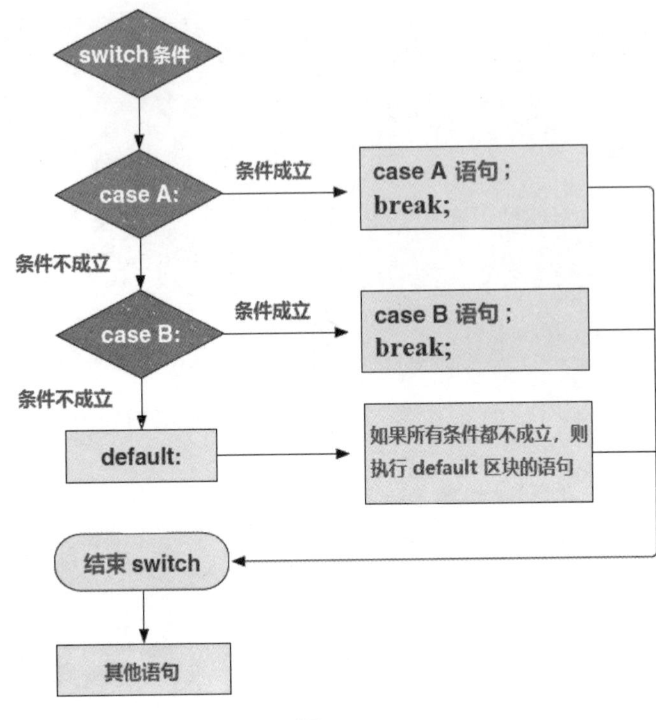

图 4-11

default 语句的使用可有可无，原则上可以放在 switch 语句内的任何位置，如果找不到符合的判断值，就会执行 default 语句，如果没有 default 语句，就直接结束 switch 指令。

快餐店点餐程序

【范例程序：CH04_05.java】

下面编写快餐店点餐范例程序，使用 switch 语句来输入所要购买的快餐种类，并分别显示其价格，使用 break 的特性设置多重 case 条件。

```
package ch04;

public class CH04_05 {
    public static void main (String args []){
        java.util.Scanner input_obj=new java.util.Scanner
        (System.in);

```

```
        int select;
        System.out.print("    (1) 排骨快餐 \n");
        System.out.print("    (2) 海鲜快餐 \n");
        System.out.print("    (3) 鸡腿快餐 \n");
        System.out.print("    (4) 鱼排快餐 \n");
        System.out.print("    \n 请输入您要购买的快餐代号: ");
        select =input_obj.nextInt();
        System.out.print("\n===================\n");

        switch(select)
        {
            case 1: // 如果 select 等于 1
                System.out.print("排骨快餐一份 30 元");
                break;    // 跳出 switch*/
            case 2:      // 如果 select 等于 2
                System.out.print("海鲜快餐一份 35 元");
                break;    // 跳出 switch
            case 3:      // 如果 select 等于 3
                System.out.print("鸡腿快餐一份 25 元");
                break;    // 跳出 switch
            case 4:      // 如果 select 等于 4
                System.out.print("鱼排快餐一份 20 元");
                break;    // 跳出 switch
            default:     // 如果 select 不等于 1、2、3、4 中的任何一个
                System.out.print("没有这个选项 \n");
        }
    System.out.print("\n==========================\n");
    }
}
```

执行结果 如图 4-12 所示。

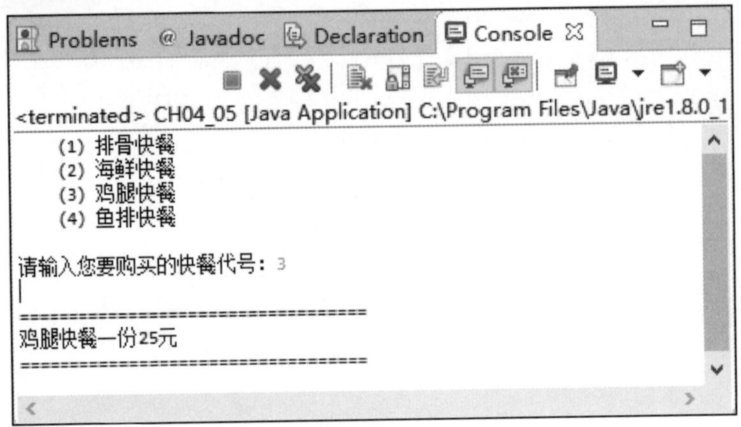

图 4-12

程序说明

- 第 07 行：声明整数变量 select。
- 第 08~12 行：输出各种快餐的相关文字。
- 第 16~29 行：根据输入的 select 变量值决定执行哪一行 case 语句，例如当输入数值为 1 时，会输出“排骨快餐一份 30 元”的字符串，而 break 语句代表的是直接跳出 switch 条件语句，不会执行下一条 case 语句。
- 第 30 行：如果输入的字符所有 case 条件都不符合，即是 1、2、3、4 以外的数值，就会执行 default 后的程序语句区块。

分数段判断

【范例程序：CH04_06.java】

下面编写一个分数段判断范例程序，让用户输入一个代表成绩的字符，包括 A、B、C、D、E 五级，所输入的英文大小写字母都可以接受，并输出所代表成绩的意义。如果所输入的不是以上字母，将输出“没有此分数段”。这个范例程序的重点是 switch 语句中使用两个 case 值来执行相同的语句。

```
package ch04;
```

```
import java.io.IOException;

public class CH04_06 {
        public static void main (String args []) throws
          IOException{
              char ch; // 声明字符变量

              System.out.print("A,B,C,D..F\n");
              System.out.print(" 请输入分数段 : ");

              ch=(char) System.in.read(); // 输入字符变量
           //switch 条件语句开始
           switch(ch)
           {
                // 此处不加大括号
                case 'A':
                case 'a': // 输入大写或小写字母都可以
                     System.out.print(" 分数在 90 分以上 !\n");
                  break;
                case 'B':
                case 'b': // 输入大写或小写字母都可以
                     System.out.print(" 分数在 80 分以上 90 分
                                         以下 !\n");
                  break;
                case 'C':
                case 'c': // 输入大写或小写字母都可以
                     System.out.print(" 分数在 70 分以上 80
                                         分以下 !\n");
                  break;
                case 'D':
                case 'd': // 输入大写或小写字母都可以
                     System.out.print(" 分数在 60 分以上 70
                                         分以下 !\n");
                  break;
                case 'F':
                case 'f': // 输入大写或小写字母都可以
```

```
35                    System.out.print("你不及格！\n");
36                  break;
37                default:  //其他字符则执行 default 指令
38                    System.out.print("没有此分数段\n");
39                  break;
40            }
41        }
42    }
```

执行结果 如图 4-13 所示。

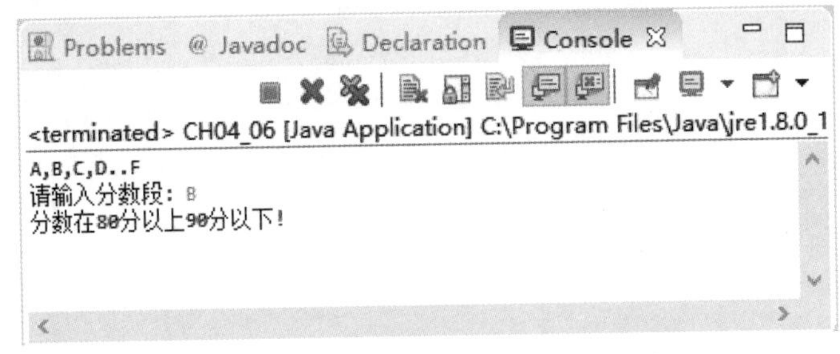

图 4-13

程序说明

- 第 07 行：声明 ch 字符变量。
- 第 12 行：输入字符变量 ch。
- 第 14 行：根据输入的 select 变量值决定执行哪一行 case 语句，每种情况可用两条 case 语句来判断，而 break 语句代表的是直接跳出 switch 条件语句，不会执行下一行 case 语句。
- 第 37 行：如果输入的字符所有 case 条件都不符合，就会执行 default 后的程序语句区块。

4.3 综合范例程序 1——闰年计算器

设计一个闰年计算器的 Java 程序，使用 if else if 条件语句来执行闰年计算的规则，让用户输入年份，然后判断是否为闰年，闰年计算的规则是“四

年一闰，百年不闰，四百年一闰”。

闰年计算器

【范例程序：CH04_07.java】

```
package ch04;

public class CH04_07 {
    public static void main (String args []){
          java.util.Scanner input_obj=new java.util.Scanner
            (System.in);
          int year=0;
        //声明整数变量
          System.out.print("请输入年份:");
          year=input_obj.nextInt();//输入年份

          if(year % 4 !=0)    //如果 year 不是 4 的倍数
          System.out.printf("%d 年不是闰年。\n",year);
                                          //就显示 year 不是闰年
          else if(year % 100 ==0)   //如果 year 是 100 的倍数
         {
              if(year % 400 ==0)  //且 year 是 400 的倍数
                      System.out.printf("%d 年是闰年。
                                          \n",year);
                 //显示 year 是闰年
                  else        //否则
                           System.out.printf("%d 年不是
                                          闰年。\n",year);
                 //显示 year 不是闰年
          }
         else  //否则
          System.out.printf("%d 年是闰年。\n",year);
                  //显示 year 是闰年
    }
}
```

执行结果 如图 4-14 所示。

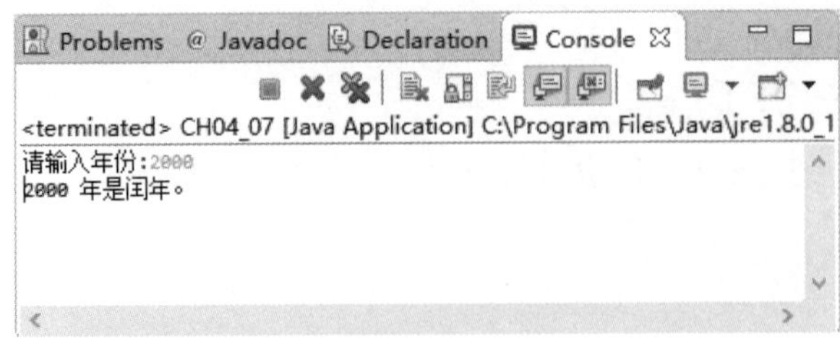

图 4-14

4.4 综合范例程序 2——简易计算器制作

设计一个简易计算器的 Java 程序，使用 switch 语句来完成简易的计算器功能，只要由用户输入两个浮点数，再输入 +、-、*、/ 四个字符中的任意一个，就可以计算出最后的结果，如果输入格式有误，就会输出“表达式有误”的提示信息。

简易计算机制作

【范例程序：CH04_08.java】

```
package ch04;

import java.io.IOException;

public class CH04_08 {
    public static void main (String args []) throws IOException{
        java.util.Scanner input_obj=new java.util.Scanner (System.in);
        float a,b;  // 声明 a、b 为浮点数变量
        char op_key; // 声明 op_key 为字符变量

        System.out.print(" 请分三行输入表达式 , 例如 :\n");
        System.out.print("12.5\n");
        System.out.print("*\n");
        System.out.print("8.0\n");
```

```
        System.out.print("请从下一行开始输入 :\n");
        a =input_obj.nextFloat();
        op_key=(char) System.in.read(); // 输入字符并存入变量 op_key
        b =input_obj.nextFloat();

        switch(op_key)
        {
         case '+':   // 如果 op_key 等于 '+'
          System.out.printf("\n%.2f %c %.2f = %.2f\n", a, op_key, b, a+b);
         break;       // 跳出 switch
         case '-':   // 如果 op_key 等于 '-'
          System.out.printf("\n%.2f %c %.2f = %.2f\n", a, op_key, b, a-b);
           break;       // 跳出 switch
         case '*':   // 如果 op_key 等于 '*'
          System.out.printf("\n%.2f %c %.2f = %.2f\n", a, op_key, b, a*b);
           break;       // 跳出 switch
         case '/':   // 如果 op_key 等于 '/'
          System.out.printf("\n%.2f %c %.2f = %.2f\n", a, op_key, b, a/b);
           break;       // 跳出 switch
         default:    // 如果 op_key 不等于 +、-、* / 任何一个
           System.out.print("表达式有误\n");
          }
    }
}
```

执行结果》 如图 4-15 所示。

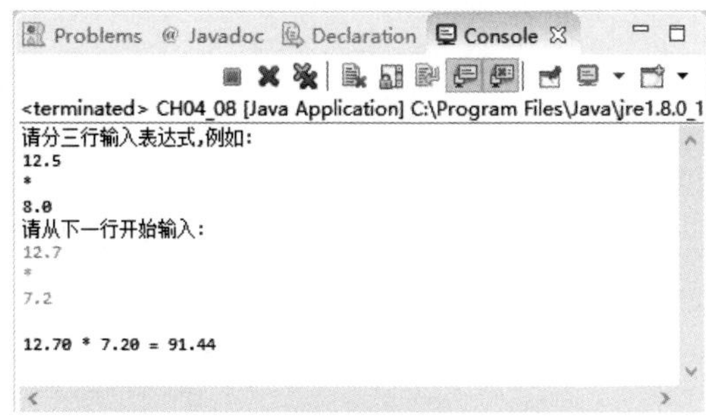

图 4-15

本章重点回顾

- 3 种流程控制结构："顺序结构""选择结构"和"重复结构"。
- 顺序结构就是程序自上而下一条程序语句接一条程序语句，没有任何转折地执行指令。
- 选择结构是一种条件控制语句，包含一个条件判断表达式，如果条件为真，就执行某些语句；如果条件为假，就执行另一些语句。
- if else 条件语句提供了两种不同的选择，当 if 的条件判断表达式成立时，将执行 if 程序语句区块内的程序语句；否则执行 else 程序语句区块内的程序语句，最后结束 if 语句。
- 在 Java 中，break 语句的主要用途是跳出程序语句区块，因为当执行完任何 case 区块后，并不会直接离开 switch 区块。

课后习题

填空题

1. "结构化程序设计"的特色还包括 3 种流程控制结构：________、________和________。

2. ________结构是利用条件判断表达式的结果来决定程序的执行流程。

3. ________语句是指 if 语句中还有 if 语句的情况。

4. if 条件判断表达式分为______、______和______3 种语句。

5. _______语句的使用可有可无，原则上可以放在 switch 语句区块内的任何位置。

问答与实践题

1. 下面这段代码有什么错误？

```
01 if(y == 0)
```

```
    System.out.print("除数不得为0\n");
    System.out.print("============\n");
else
    System.out.printf("%.2f", x / y);
```

2. 结构化程序设计分为哪3种基本流程结构？

3. 试说明default语句的作用。

4. 什么是嵌套if条件语句？

5. switch条件表达式的结果必须是什么数据类型？

6. 以下代码段哪里出了问题？试进行修改。

```
if(a < 60)
    if( a < 58)
    System.out.printf("成绩低于58分，不合格\n");
else
    System.out.printf("成绩高于60分，合格！");
```

7. 以下程序代码中的else语句用于配合哪一条if语句，试进行说明。

```
if (number % 3 == 0)
    if (number % 7 == 0)
        System.out.printf("%d是3与7的公倍数\n",number);
    else
        System.out.printf ("%d不是3的倍数\n",number);
```

第 5 章

循环流程控制

本章重点

- 前测试型循环与后测试型循环
- for 循环
- for 嵌套循环
- while 循环
- do while 循环
- 流程跳离语句

Java 的重复结构主要讲的是循环控制功能，根据所设立的条件重复执行某一段程序语句，直到条件判断表达式不成立才会跳出循环。例如，想要让计算机计算出 1+2+3+4+…+10 的值，在程序代码中并不需要大费周章地从 1 累加到 10，这时使用循环结构就可以轻松完成这项工作。Java 语言的循环结构按照结束条件的位置不同可以分为两种，分别是前测试型循环与后测试型循环，如图 5-1 所示。

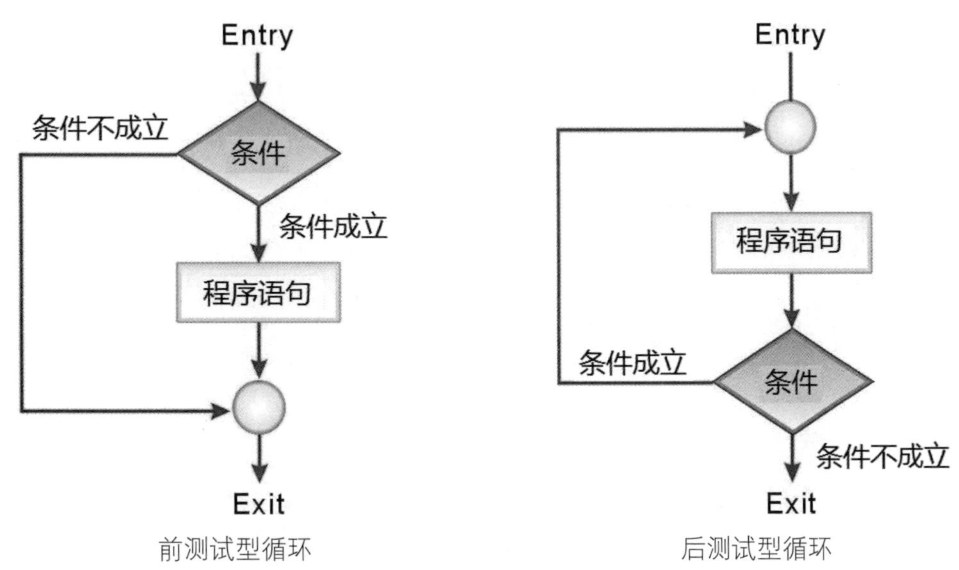

图 5-1

Java 提供了 for、while 和 do-while 三种循环语句来实现重复结构。前两种属于前测试型循环，do-while 属于后测试型循环，无论是哪一种循环，主要都是由两个基本要件所组成的：

（1）循环的执行主体由程序语句区块组成。

（2）循环的条件判断是决定循环何时停止执行的依据。

5.1 for 循环

for 循环又称为计数循环，是程序设计中较常使用的一种循环形式，可以重复执行固定次数的循环，不过必须事先设置循环控制变量的起始值、循环

执行的条件判断式以及控制变量更新的增减值 3 部分。语法格式如下：

```
for(控制变量的起始值；循环执行的条件判断表达式；控制变量增减值)
{
    程序语句区块；
}
```

for 循环的执行步骤说明如下：

（1）设置控制变量的起始值。

（2）如果条件判断表达式为真，就执行 for 循环内的语句。

（3）执行完成之后，增加或减少控制变量的值，可根据实际的需求进行控制，再重复步骤 2。

（4）如果条件判断表达式为假，就离开 for 循环。

如图 5-2 所示为 for 循环的执行流程图。

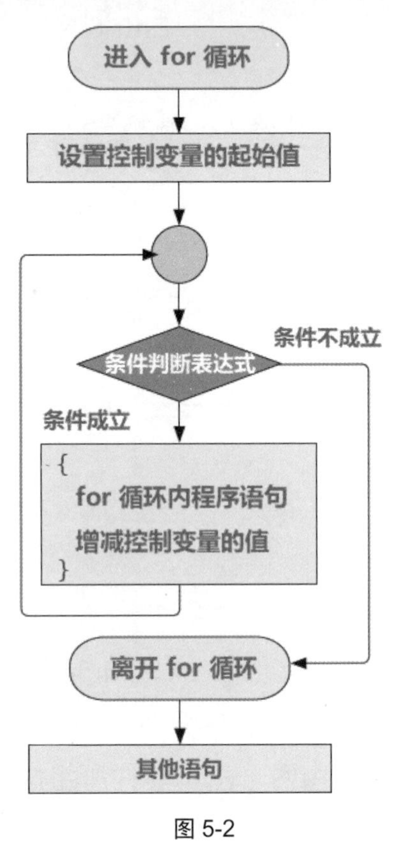

图 5-2

for 循环的作用是使用一个控制变量来让 for 循环重复执行特定的次数直到结束，条件成立时 for 程序区块才终止执行。例如，以下程序代码是很典型的使用 for 循环来计算 1 累加到 10 的程序片断，从 i=1 开始，当 i<=10 时，就会执行 for 循环程序语句区块内的语句，也就是 sum=sum+i，直到 i>10 时，跳离循环，而后输出 sum 的值。由于程序语句区块内只有 sum=sum+i 一行语句，因此我们也可以省略左右大括号：

```
int i,sum;

for (i=1,sum=0; i<=10 ; i++)   /* 控制变量的起始值，设置两个变量 */
```

```
{
    sum=sum+i;
}

System.out.printf("1+2+3+...+10=%d\n", sum);
```

注意

for 循环虽然具有很大弹性，但使用时务必要设置每层跳离循环的条件，如果 for 循环无法满足条件判断表达式结束的条件，就会永无止境地执行，这种不会结束的循环称为“无限循环”或“死循环”。无限循环在一些程序的特定功能上有时也会发挥某些作用，例如某些程序中的暂停操作（有些游戏执行时）。

数字累加计算

【范例程序：CH05_01.java】

下面的范例程序是使用 for 循环来计算 1 累加到 10 的值，我们特别在循环外设置了控制变量的起始值，所以 for 循环中只有两个表达式，不过循环内的分号一定不可以省略。

```
package ch05;

public class CH05_01 {
        public static void main (String args []){
                int i=1,sum=0; // 循环外设置控制变量的起始值

              for (;i<=10;i++)   // 定义 for 循环
                sum=sum+i;     //sum=sum+i
              System.out.printf("1+2+3+...+10=%d\n",sum);
                                                  // 输出 sum 的值
        }
}
```

执行结果 如图 5-3 所示。

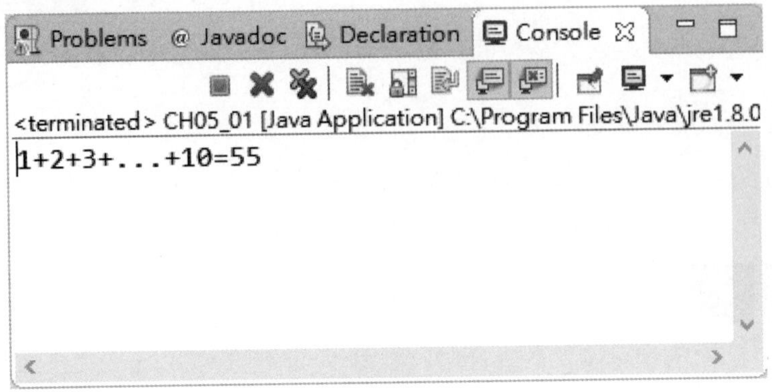

图 5-3

程序说明

- 第 07、08 行：for 循环定义中少了设置控制变量的起始值，记住分号不可省略，当循环重复条件 i 小于等于 10 时，执行第 09 行将 i 的值累加到 sum 变量，然后 i 的递增值为 1，直到当 i 大于 10 时，才会离开 for 循环。
- 第 09 行：输出 sum 的值。

在此补充说明有关第 7、8 行 for 循环的写法，还可以有些改变，例如 for 循环语句可以简化为单行：

```
for (i=1 ; i<=10 ; sum+=i++);     // 将累加语句合并到 for 循环
```

也可以合并放入多个运算符子句，不过它们之间必须以逗号“,”来分隔，例如：

```
for (i=1, sum=1 ; i<=10;i++, sum+=i);// 合并运算符子句到 for 循环
```

for 嵌套循环

接下来为大家介绍 for 嵌套循环（Nested Loop），也就是多层的 for 循环结构。在嵌套 for 循环结构中，执行流程必须先等内层循环执行完毕，才会

逐层继续执行外层循环。例如，两层嵌套 for 循环的结构格式如下：

```
for(控制变量的起始值1; 循环执行的条件判断表达式; 控制变量增减值)
{
  程序语句;
  for(控制变量的起始值2; 循环执行的条件判断表达式; 控制变量增减值)
  {
    程序语句;
  }
}
```

九九乘法表

【范例程序：CH05_02.java】

下面的范例程序使用两层嵌套 for 循环来设计与输出九九乘法表，其中 i 为外层循环的控制变量，j 为内层循环的控制变量。

```
package ch05;

public class CH05_02 {
        public static void main (String args []){
                int i,j; //声明i、j为整数变量

                    //九九乘法表的嵌套循环
                    for(i=1; i<=9; i++)    //外层循环
                    {
                      for(j=1; j<=9; j++)    //内层循环
                       {
                        System.out.printf("%d*%d=",i,j);
                                                //输出i与j的值
                        System.out.printf("%d\t ",i*j);
                                                //输出i*j的值
                       }
                     System.out.printf("\n");
                    }
```

```
17              }
18          }
```

执行结果 如图 5-4 所示。

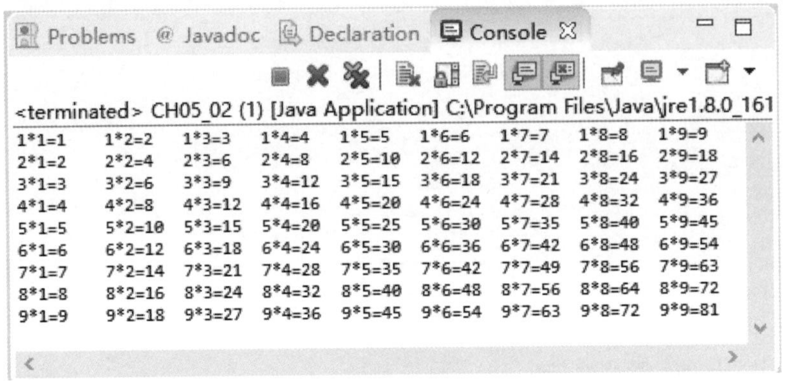

图 5-4

程序说明

- 第 08 行：外层 for 循环控制 i 输出，只要 i<=9，就继续执行第 09~16 行的语句。
- 第 10 行：内层 for 循环控制 j 输出，只要 j<=9，就继续执行第 11~14 行的语句。
- 第 12 行：输出 i 与 j 的值。
- 第 13 行：输出 i*j 的值。

5.2 while 循环

如果所要执行的循环次数已确定，那么使用 for 循环语句就是最佳的选择。但是对于某些不确定次数的循环，while 循环就可以派上用场了。while 循环语句与 for 循环语句类似，都属于前测试型循环。前测试型循环的工作方式就是在程序语句区块开始部分必须先检查条件判断表达式，当判断式结果为真时，才会执行程序区块内的语句。

while 循环内的语句可以是一条语句或多条语句形成的程序区块。同样地，如果有多条语句在循环中执行，就要使用大括号括住它们。while 循环必须自行加入控制变量的起始值以及递增或递减表达式，否则如果条件判断表达式永远成立，就会造成无限循环。While 循环语法如下：

```
while(条件判断式)
{
  程序语句区块;

}
```

如图 5-5 所示为 while 循环语句执行的流程图。

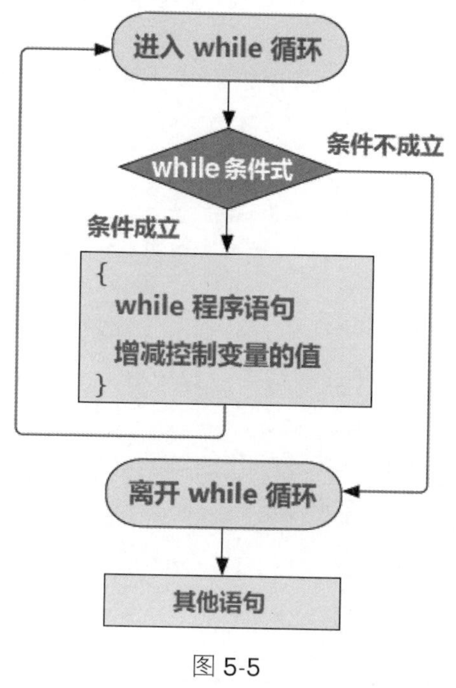

图 5-5

正因数求解

【范例程序：CH05_03.java】

下面的范例程序是使用 while 循环来求出用户所输入整数的所有正因数，例如输入整数 8，正因数有 1、2、4、8。

```java
package ch05;

public class CH05_03 {
    public static void main (String args []){
        int a=1,n;
        java.util.Scanner input_obj=new java.util.Scanner (System.in);
        System.out.printf("请输入一个数字：");
        n =input_obj.nextInt(); // 输入一个整数
        System.out.printf("%d 的所有因数为 :",n);

        while(a<=n)     // 定义 while 循环，且设置条件为 a<=n
        {
            if(n%a==0)// 当 n 能够被 a 整除时，a 就是 n 的因数
            {               // 执行 if 内的语句
                System.out.printf("%d ",a);
                if(n!=a)
                    System.out.printf(",");   // 以，号来分隔
            }
            a++;    // a 值递增 1
        }
        System.out.printf("\n");
    }
}
```

执行结果 如图 5-6 所示。

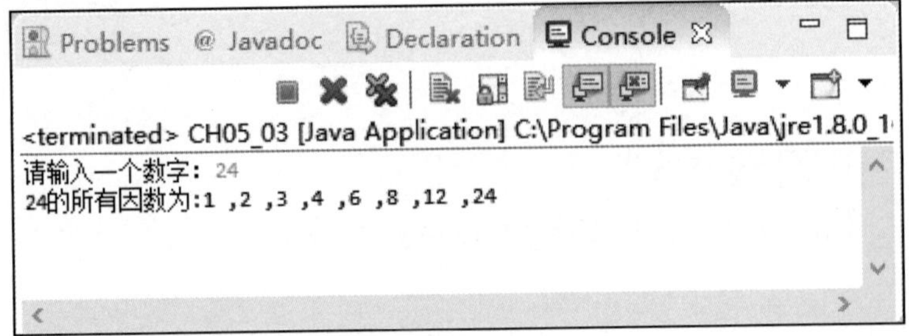

图 5-6

程序说明

- 第 05 行：声明 a、n 为整数变量，a 的初始值设置为 1。
- 第 08 行：输入一个整数 n。
- 第 11 行：定义 while 循环，并设置条件为 a<=n 时，执行第 12~20 行的程序区块。
- 第 13 行：当 n 能够被 a 整除时，a 就是 n 的因数，执行第 14~18 行的程序区块。
- 第 16、17 行：若 n 不等于 a，则打印输出“,”逗号。
- 第 19 行：a 值递增 1。

判断循环执行次数

【范例程序：CH05_04.java】

下面的范例程序是以 while 循环来计算当某数的数值是 100，依次减去 1,2,3,4…，请问需要减到哪一个数时，相减的结果开始为负数。因为不清楚循环要执行多少次，所以这种情况很适合使用 while 循环来实现。

```
package ch05;

public class CH05_04 {
    public static void main (String args []){
        int x=1, sum=100; // 声明 x、sum 两个整数变量

          while(sum>=0) //while 循环
          {
              sum=sum-x; //sum 开始减去 x，x=1,2,3...
              x++; //x 递增 1
          }
          System.out.printf("x=%d\n",x-1);
                                            // 之前预先加 1 了
    }
```

```
14      }
```

执行结果 如图 5-7 所示。

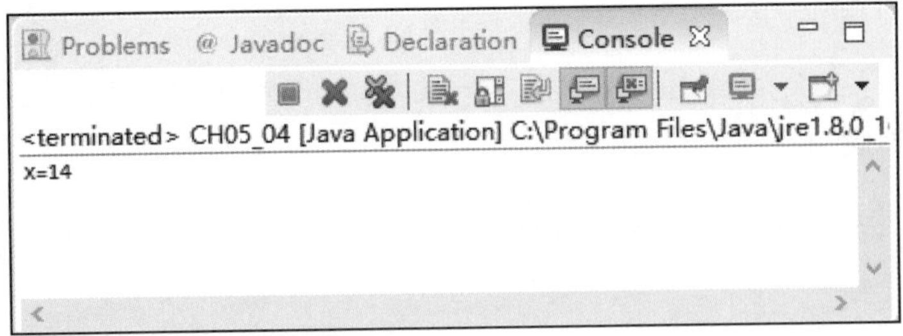

图 5-7

程序说明

- 第 05 行：声明 x、sum 两个整数变量，并且分别设置初始值。
- 第 07 行：定义 while 循环，并设置条件 sum>=0 时，执行第 08~11 行的程序区块。
- 第 09 行：sum 开始减去 x，x=1,2,3...。
- 第 12 行：由于第 10 行中已经加 1，因此必须要还原减 1。

do-while 循环

do-while 循环语句与 while 循环语句可以称为“双胞胎兄弟”，或者可以看成是 while 循环的另一种变形版。我们知道 while 循环只有在条件判断表达式成立时才会执行，否则无法让循环内的程序区块被执行。不过，do-while 循环内的程序区块无论什么情况至少会被执行一次，我们称其为后测试型循环。do-while 循环语句的语法格式如下：

```
do
{
  程序语句区块；

} while (条件判断式);      // 请记得加上；号
```

如图 5-8 所示为 do-while 语句执行的流程图。

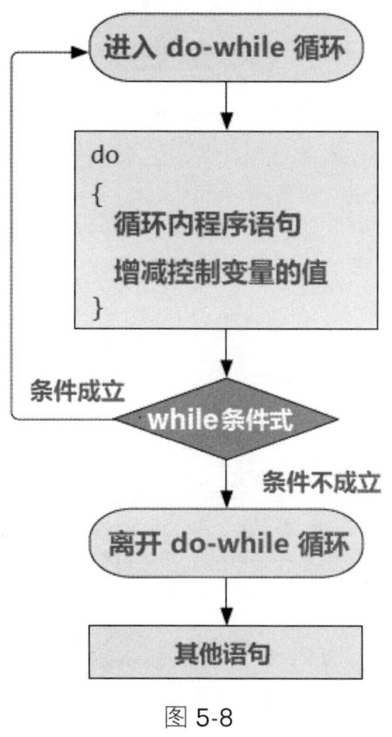

图 5-8

数字反向输出

【范例程序：CH05_05.java】

下面的范例程序使用 do-while 循环让用户输入一个整数，并将此整数的每一个数字反向输出，例如输入 12345，而程序输出 54321。

```
package ch05;

public class CH05_05 {
    public static void main (String args []){
            int n;
            java.util.Scanner input_obj=new java.util.Scanner
              (System.in);
            System.out.printf("请输入任意一个整数:");
            n =input_obj.nextInt(); // 输入一个整数
          System.out.printf("反向输出的结果:");

```

```
11          // do while 循环
12          do {
13                  System.out.printf("%d",n%10);// 求出余数值
14                  n=n/10; // 从个位数开始逐步往前一位
15              }while (n!=0); // 条件判断表达式
16
17          System.out.printf("\n");// 换行
18      }
19 }
```

执行结果 如图 5-9 所示。

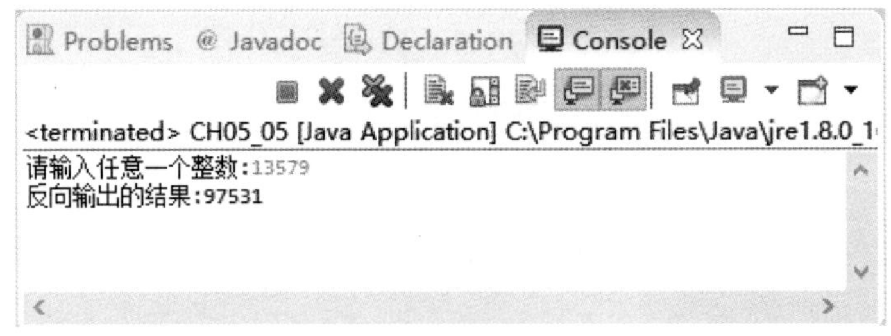

图 5-9

程序说明

- 第 05 行：声明整数变量 n。
- 第 08 行：输入整数 n。
- 第 12 行：定义 do-while 循环，并设置条件 n!=0 时，执行第 13、14 行的程序区块，无论如何至少会被执行一次。
- 第 15 行：do while 循环的条件判断表达式，当 n!=0 时会离开循环。

5.3 流程跳离指令

对于使用基本控制流程写出的程序代码，有时候会出现一些特别的需求，例如必须临时中断或想让循环提前结束，可以使用 break 或 continue 指令。不过这种跳离指令很容易造成程序代码可读性的降低，大家在使用时必须相当小心。

5.3.1 break 指令

break 指令就像它的英文意义一样，代表“中断”的意思，主要用途是跳离最近一层的 for、while、do-while 以及 switch 语句本体程序区块，并将控制权交给所在程序区块之外的下一行程序。特别注意，如果 break 不是出现在 for、while 循环或 switch 语句中，就会发生编译错误。当遇到嵌套循环时，break 指令只会跳离最近一层的循环体，而且多半会配合 if 语句来使用，语法格式如下：

```
break;
```

break 指令的应用

【范例程序：CH05_06.java】

下面的范例程序中，将 for 循环从 1 执行到 100，然后使用 break 指令来计算 1+3+5+7+...+77 的总和。

```
package ch05;

public class CH05_06 {
        public static void main (String args []){
                int i,sum=0;   // 声明 i、sum 为整数变量

              for(i=1; i<=100; i=i+2)//i=1,3,5,7..
                {
                if(i==79)
                      break;// 跳出循环
                              sum+=i;//sum=sum+i
                }
              System.out.printf("1~77 的奇数总和 :%d\n",sum);
        }
}
```

执行结果 如图 5-10 所示。

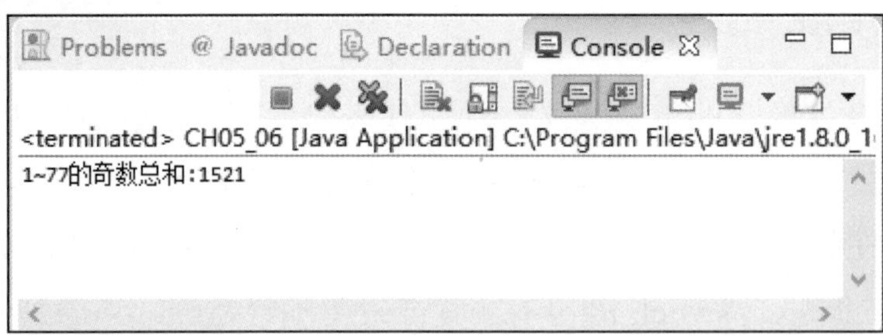

图 5-10

程序说明

- 第 05 行：声明 i、sum 为整数变量，并设置 sum 的初始值为 0。
- 第 07 行：在 for 循环中，i 从 1 执行到 100，每执行完一次循环后，将 i 变量累加 2。
- 第 09 行：当 i==79 时，强制中断 for 循环。
- 第 11 行：sum=sum+i。
- 第 13 行：输出累加后的结果 sum。

如果想要将程序流程直接改变到程序中的某个位置，break 指令也可以使用 label（标号）指令来定义一段程序语句区块，然后通过 break 指令跳到标号所在的位置，这种做法类似 C/C++ 语言中的 goto 指令。虽然 break 指令与 label 指令的结合十分方便，但是也很容易造成程序流程混乱与维护上的困难，建议大家还是不要使用。声明语法如下：

```
标号名称:
程序语句:
……
break 标号名称；
```

5.3.2 continue 指令

和 break 指令的跳出循环相比，continue 指令与 break 指令的最大差异在于，continue 只是忽略循环体内后续未执行的语句，但并未跳离该循环体。也就是说，如果想要终止的不是整个循环，而是想要在某个特定的条件下中止某一轮次循环的执行，这时就可以使用 continue 指令。

continue 指令只会直接略过循环体内后续尚未执行的程序代码，并跳至循环区块的开头继续下一轮循环，而不会直接离开循环体。语法格式如下：

```
continue;
```

用求 1+3+5+7+9 的例子来说明：

```
int  i,total;
for (i = 0 ; i <10 ; i++)
{
   if (i %2==0)
      continue;          // 只忽略本轮循环后续未执行的语句
   total = total + i;
}
System.out.printf ("total=%d\n",total);
```

在这个例子中，我们使用 for 循环来累加 1~10 中所有奇数的和，当 i 等于偶数时，i%2==0 这个条件为真（true），这时使用 continue 指令来跳过这一轮次的循环，如果 i 不为偶数，就执行 total=total+i 累加运算，所以最后 total 的值等于 1+3+5+7+9。

使用 continue 指令跳过本轮次的循环

【范例程序：CH05_07.java】

下面的范例程序使用嵌套 for 循环与 continue 指令来设计如下显示界面：

```
1
12
123
1234
12345
123456
1234567
```

```
1234567
12345679
```

```
01    package ch05;
02
03    public class CH05_07 {
04            public static void main (String args []){
05                    int  a,b;  // 声明 a、b 为整数变量
06                  for(a=1; a<=9; a++) // 外层 for 循环控制 y 轴输出
07                  {
08                    for(b=1;b<=a; b++)// 内层 for 循环控制 x 轴输出
09                    {
10                      if(b == 8)    // 跳离这层循环
11                      continue;
12                      System.out.printf("%d ",b);// 输出 b 的值
13                       }
14                    System.out.printf("\n");
15                  }
16            }
17    }
```

执行结果 如图 5-11 所示。

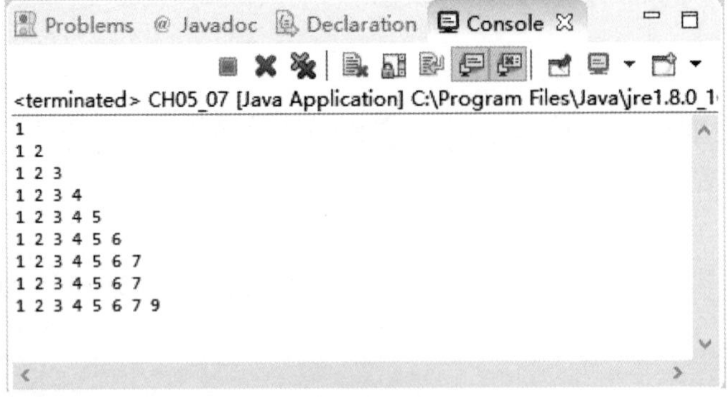

图 5-11

程序说明

- 第 05 行：声明 a、b 为整数变量。
- 第 06 行：外层 for 循环控制 y 轴方向输出。

- 第 08 行：内层 for 循环控制 x 轴方向输出。
- 第 10 行：假如 b==8，continue 指令会跳过当前轮次的循环，重新从下一轮循环开始执行，也就是不会输出 8 的数字。
- 第 12 行：输出 b 的值。

5.4 综合范例程序 1——求解最大公约数

求解最大公约数

【范例程序：CH05_08.java】

相信大家都听过辗转相除法可以用来求两个整数的最大公约数（或称为最大公因数）。下面我们使用 while 循环来设计一个 Java 程序，求所输入的两个整数的最大公约数（g.c.d）。

```
package ch05;

public class CH05_08 {
        public static void main (String args []){
                java.util.Scanner input_obj=new java.util.
                 Scanner(System.in);
                int Num1, Num2,TmpNum; // 声明 3 个整数变量

                System.out.printf("求两个整数的最大公约数
                 (g.c.d):\n");
                System.out.printf("请输入两个整数:\n");
                Num1 =input_obj.nextInt(); // 输入第一个整数
                Num2 =input_obj.nextInt(); // 输入第二个整数

                if (Num1 < Num2)
                {
                        TmpNum=Num1;
                        Num1=Num2;
                        Num2=TmpNum; // 找出两数的较大值
```

```
            }

            while (Num2 != 0)
            {
                TmpNum=Num1 % Num2;   // 求两数的余数值
                Num1=Num2;
                Num2=TmpNum;  // 辗转相除法
            }

            System.out.printf("---------------\n");
            System.out.printf("最大公约数(g.c.d)=%d\n",Num1);
            System.out.printf("---------------\n");
        }
    }
```

执行结果 如图 5-12 所示。

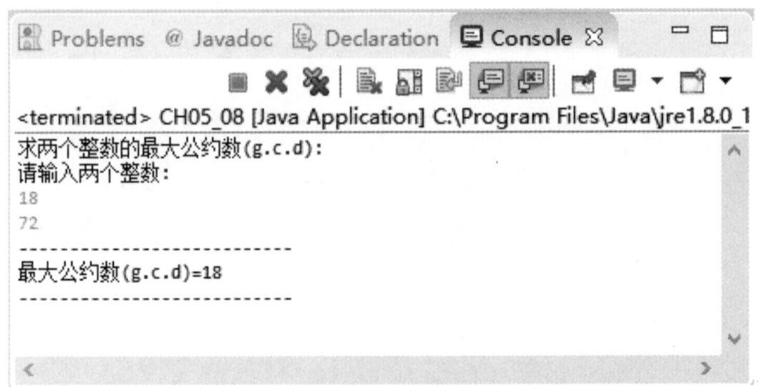

图 5-12

5.5 综合范例程序 2——密码验证器

密码验证器

【范例程序：CH05_09.java】

设计一个密码验证器程序，能够让用户输入密码，并且进行简单的密码验证工作，不过输入次数以 3 次为限，超过 3 次则不准登录，假如目前密码为 3388。

```
package ch05;

public class CH05_09 {
    public static void main (String args []){
            java.util.Scanner input_obj=new java.util.Scanner
            (System.in);
            int i=1,new_pw,password=3388;// 使用 password 变量来存储密码以供验证

            while(i<=3) // 输入次数以 3 次为限
            {
                    System.out.printf("请输入密码 :");
                    new_pw =input_obj.nextInt();// 输入整数密码

                    if (new_pw != password) // 如果输入的密码与 password 不同
                    {
                            System.out.printf("密码发生错误 !!\n");
                            i++;
                            continue; // 跳回 while 开始处
                    }
                    System.out.printf("密码正确 !!\n ");// 密码正确
                    break;
            }
            if (i>3)
                    System.out.printf("密码错误三次，取消登录 !!\n");// 密码错误处理
    }
}
```

执行结果» 如图 5-13 和图 5-14 所示。

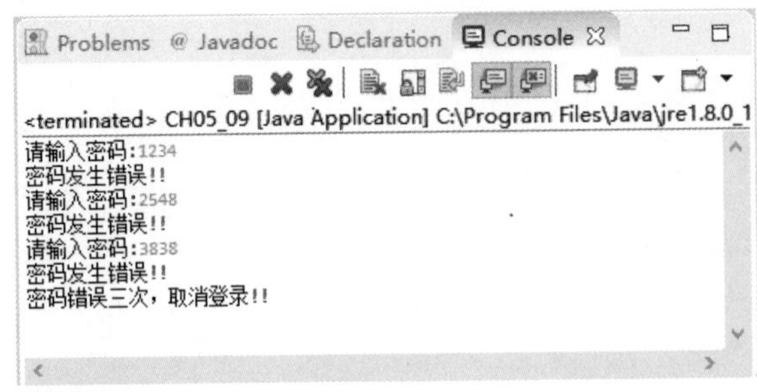

图 5-13

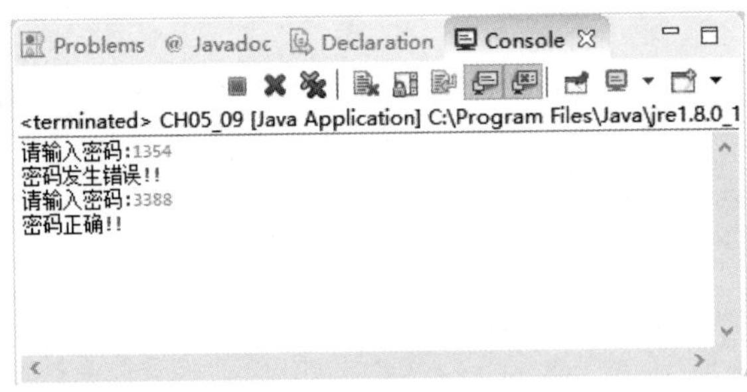

图 5-14

本章重点回顾

- 循环结构按照结束条件的位置不同可以分为两种，分别是前测试型循环与后测试型循环。
- Java 提供了 for、while 和 do-while 三种循环语句来实现重复结构。
- for 循环又称为计数循环，可以重复执行固定次数的循环，不过必须事先设置循环控制变量的起始值、循环执行的条件判断表达式以及控制变量更新的增减值 3 部分。
- 在嵌套 for 循环结构中，执行流程必须先等内层循环执行完毕，才会逐层继续执行外层循环。
- do-while 循环体内的程序区块无论如何至少会被执行一次，我们称其为后测试型循环。
- 当遇到嵌套循环时，break 指令只会跳离最近的一层循环，而且多半会配合 if语句来使用。
- break 指令也可以使用 label（标号）指令定义一段程序语句区块，然后通过 break 指令跳到标号所在的位置。

- continue 指令与 break 指令的最大差异在于 continue 只是忽略本轮循环后续未执行的语句，但并未跳离该层循环体。

课后习题

填空题

1. ________指令与 break 指令的最大差异在于这个指令只是忽略本轮循环后续未执行的语句，但并未跳离该层循环。

2. 循环控制语句分为_______、________和________三种。

3. ________循环必须设置“循环起始值”“结束条件”以及每执行完一次循环的递增或递减表达式。

4. 使用循环控制语句时，当条件判断表达式的结果恒成立时，会形成_______。

5. do-while 是一种________循环，这种循环会先执行一次循环程序语句区块，再测试条件判断表达式是否成立。

6. 当遇到嵌套循环时，________指令只会跳离最近的一层循环体，而且多半会配合 if 语句来使用。

7. break 指令也可以使用________指令定义一段程序语句区块，然后通过 break 指令回到标号起始的指令位置。

问答与实践题

1. 试说明 while 循环与 do while 循环的差异。

2. 试问下列程序代码中，最后 k 值为多少？

```
int k=10;
```

```
while(k<=25)
{
    k++;
}
```

3. 下面的代码段有什么错误？

```
n=45;
do
    {
        System.out.printf("%d",n);
        ans*=n;
        n--;
 }while(n>1)
```

4. 简述 for 循环的用法。

5. 简述 break 指令与 continue 指令的最大差异。

6. 试比较下面两段循环程序代码的执行结果。

(a)

```
for(int i=0;i<8;i++)
{
 System.out.printf ("%d", i);

 if(i==5)
       break;
}
```

(b)

```
for(int i=0;i<8;i++)
{
 System.out.printf ("%d", i);
 if(i==5)
       continue;
}
```

第 6 章

数组与字符串

本章重点

- 数组简介
- 一维数组的声明与使用
- 二维数组的声明与使用
- 多维数组的声明与使用
- 字符声明
- 创建字符串
- 字符串数组
- String 类的常见方法

数组属于 Java 语言中的一种扩展数据类型，最适合存储一连串相关的数据。我们可以把数组看作一群具有相同名称与数据类型的集合，并且在内存中占有一块连续的存储空间。例如，班上有 50 位学生，如果按照以前的做法，就得声明 50 个变量才能记录所有学生的成绩。若是如此，只是变量名称的声明就够我们头痛了。数组的概念就是按批次来处理变量，使用数组来存储数据可以有效避免上述问题。

6.1 数组简介

在 Java 语言中，一个数组元素可以表示成一个“数组名”和“索引”（索引也称为“下标”）。在编写程序时，只要使用数组名配合索引值（index）就可以处理一组相同类型的数据。我们不妨将数组想象成被安排在计算机内存中的信箱，每个信箱都有固定的住址，其中路名就是数组名，信箱号码就是索引，如图 6-1 所示。通常数组的使用可以分为一维数组、二维数组与多维数组，基本的工作原理都相同。

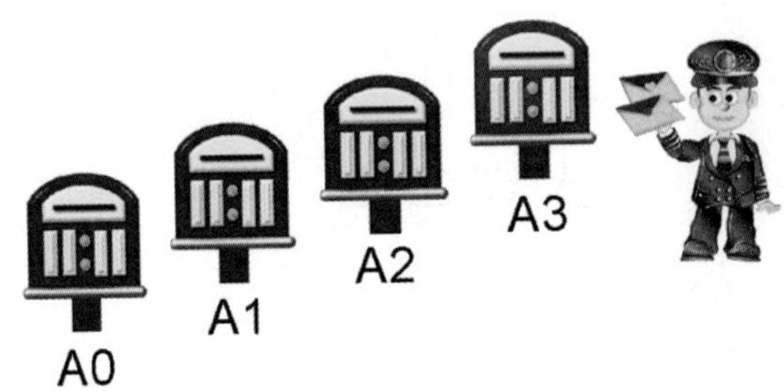

图 6-1

6.1.1 一维数组

一维数组（One-Dimensional Array）是最基本的数组结构，只会用到一个索引值，可以存放多个相同类型的数据。数组也和一般变量一样，必须事先声明，这样编译时才能分配到连续的内存空间。在 Java 语言中，一维数组的声明语法如下：

```
数据类型 []  数组名 = new 数据类型 [ 数组长度 ];
```

或

```
数据类型 数组名 []= new 数据类型 [ 数组长度 ];
```

当然也可以在声明时直接设置初始值：

```
数据类型 [] 数组名 = new 数据类型 [] { 初始值 1, 初始值 2,…};
```

- 数据类型：数组中的所有元素都有其数据类型，例如 Java 的基本数据类型有 int、float、double、char 等。
- 数组名：数组中所有元素的共同名称，其命名规则与变量相同。
- 数组长度：代表数组中有多少个元素，是一个正整数常数。
- 初始值：数组中设置初始值时，需要用大括号和逗号来分隔。

例如，在 Java 中定义如下一维数组，数组中各元素间的关系如图 6-2 所示。

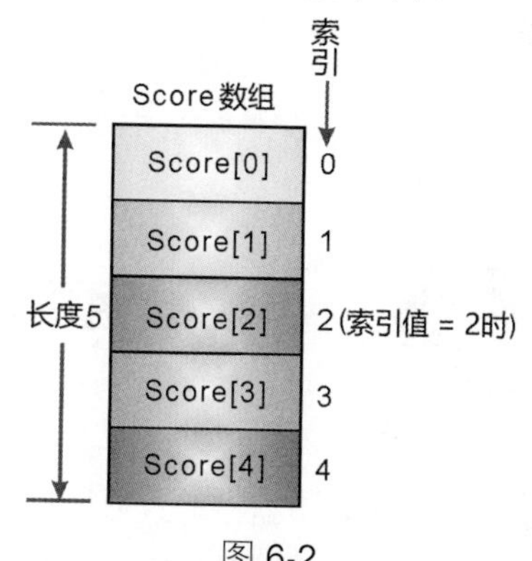

图 6-2

```
int[] Score=new int[5];
```

注意

在 Java 中，数组的第一个元素的索引值是从 0 开始的，对于定义好的数组，可以通过索引值来存取数组中的元素。

当声明数组后，可以如同将值赋给一般变量一样赋给数组中的每一个元素。例如，要把数值赋给数组中的第 1 和第 2 个元素，语句如下：

```
Score[0]=75;
Score[1]=80;
```

而在程序中，如果需要输出第 2 个学生的成绩，可以参考下面的语句：

```
System.out.printf("第 2 个学生的成绩 :%d",Score[1]);// 索引值为 1
```

下面我们再来看看以下一维数组的声明实例：

```
int a[]=new int[5];// 声明一个 int 类型的数组 a，a 中可以存放 5 个元素
int b[]=new float[5];// 声明一个 float 类型的数组 b，b 中可以存放 5 个元素
char name[]=new char[15]; // 声明字符数组 name，可以存放 15 个元素
```

在定义一维数组时，如果没有指定数组元素的个数，那么编译器会自动将数组长度定为初始值的个数。例如，定义数组 arr 设置初值的方式，该数组元素的个数会被自动设置成 5：

```
int[] arr =new int[]{11,2,33,4,51};
```

寻找数组中的最大值

【范例程序：CH06_01.java】

下面的范例程序使用一维数组来设置初始值，并说明如何找出数组中所有元素值中的最大值。

```
package ch06;

public class CH06_01 {
// 找出数组元素中的最大值
    public static void main(String[] args){
        int max;
        int[] intArray=new int[]{1,6,89,65,31,82};
                                        // 声明数组并设置初值
        max=intArray[0]; // 先将数组第一个元素设置为最大值

        System.out.println("原先数组中所有元素的值 : ");
        // 使用循环产生 6 个号码
        for(int i=0;i<intArray.length;i++){
            System.out.println("第"+(i+1)+"个元素
                                    为: "+intArray[i]);
```

```
14                  if (intArray[i]>max)   // 找出最大值
15                      max=intArray[i];
16              }
17              System.out.println("数组中所有元素的最大值为: "+max);
18      }
19 }
```

执行结果 如图 6-3 所示。

```
Problems  @ Javadoc  Declaration  Console
<terminated> CH06_01 [Java Application] C:\Program Files\Java\jre1.8.0_1
原先数组中所有元素的值:
第 1 个元素为: 1
第 2 个元素为: 6
第 3 个元素为: 89
第 4 个元素为: 65
第 5 个元素为: 31
第 6 个元素为: 82
数组中所有元素的最大值为: 89
```

图 6-3

程序说明

- 第 07 行：声明数组并设置初值。
- 第 08 行：先将数组第一个元素设置为最大值。
- 第 12~16 行：使用循环打印输出数组元素并同时寻找最大值。
- 第 17 行：最后打印输出数组中所有元素中的最大值。

学生成绩的计算与输出

【范例程序：CH06_02.java】

数组的每项元素值也可以如同变量一样通过键盘从外部输入。下面的范例程序逐步输入 5 位学生的分数，作为一维数组的值，然后输出学生的总分及平均分。

```
package ch06;

public class CH06_02 {
```

```
        public static void main (String args [])
        {
          java.util.Scanner input_obj=new java.util.Scanner(System.in);

            int[] Score=new int[5];// 声明整数数组 Score[5]
            int count,Total=0,average=0;// 声明 3 个整数变量

          for(count=0; count < 5; count++)// 执行 for 循环读取学生的成绩
            {
                System.out.printf("输入第 %d 位学生的分数:", count+1);
                Score[count]=input_obj.nextInt();// 把输入的分数写到数组中
                Total+=Score[count];// 从数组中读取分数并计算总分
            }

          average=Total/5; // 计算平均分
           System.out.printf("\n"); // 换行
           System.out.printf("学生的总分:%d\n", Total);// 输出成绩的总分
           System.out.printf("学生的平均分:%d\n",average);// 输出成绩的平均分
        }
    }
```

执行结果 如图 6-4 所示。

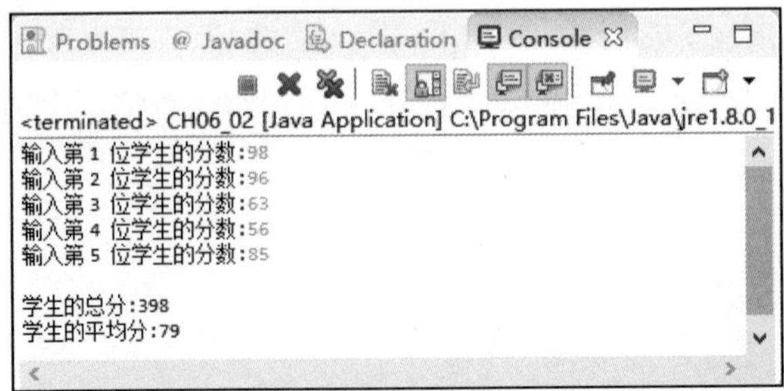

图 6-4

程序说明

- 第 08 行：声明一个大小为 5 的名为 Score 的一维整数数组。
- 第 09 行：声明 3 个整数变量，分别是 count、Total、average。
- 第 11~16 行：执行 for 循环读取与输入学生成绩。
- 第 13 行：把输入的分数赋值给数组的每个元素。
- 第 15 行：从数组中读取分数并计算总分。
- 第 18 行：计算平均分数。
- 第 20、21 行：输出成绩的总分与平均分。

6.1.2 二维数组

一维数组当然可以扩充到二维或多维数组，在使用上和一维数组相似，都是处理相同数据类型的数据，差别只在于维数的声明。例如，一个含有 4*4 个元素的 Java 二维数组 A[4][4]，各个元素在直观平面上的排列方式如图 6-5 所示。

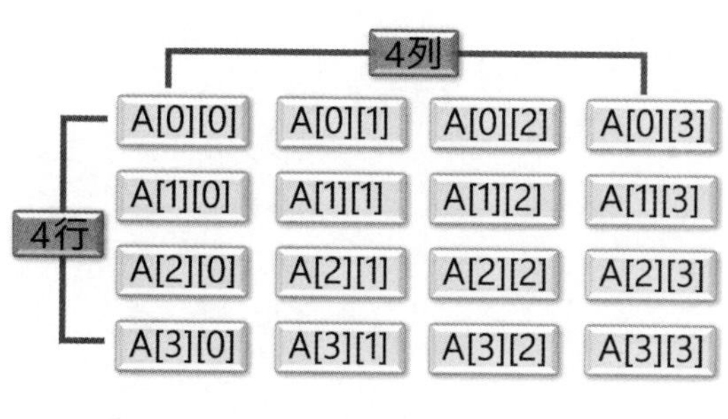

图 6-5

在 Java 语言中，二维数组的声明格式如下：

```
数据类型 [][]  数组名 =new 数据类型 [ 行数 ][ 列数 ];
```

例如，声明数组 arr 的行数是 2、列数是 5，那么元素的个数为 10，语法如下：

```
int[][] Score={ {73, 74, 95, 68, 69},{79, 44, 88, 77, 66 }};
```

在二维数组设置初始值时，为了方便区分行与列，除了最外层的 {} 外，最好以 {} 括住每一行元素的初始值，并以“,”分隔每个数组元素。

二维数组的应用

【范例程序：CH06_03.java】

下面的范例程序定义二维整数数组来存储两个班级学生的成绩，并分别计算该班学生的总分，这是一个简单的二维数组应用范例。

```
package ch06;

public class CH06_03 {
      public static void main (String args []){
            // 定义二维整数数组并设置初始值
            int[][] Score={ {73, 74, 95, 68, 69},
                                        {79,44,88,77,66}};
            int i, j, Total; // 定义整数变量 i、j、Total
            // 嵌套 for 循环读取学生分数
            for ( i=0; i < 2; i++ ){
                  Total=0; // 设置整数变量 Total
                  for ( j=0; j < 5; j++){
                        // 显示各个学生的分数与相关信息
                        System.out.printf("第 %d 班的
                               %d 号学生成绩:%d\n",
                                  i+1, j+1, Score[i]
                                              [j]);
                        Total+=Score[i][j]; // 计算总分
                  }
            System.out.printf("\n");
            System.out.printf("第 %d 班学生的成绩总分:
                                %d", i+1, Total);
           // 打印输出各班级的总分
            System.out.printf("\n\n");
            }
      }
}
```

执行结果 如图 6-6 所示。

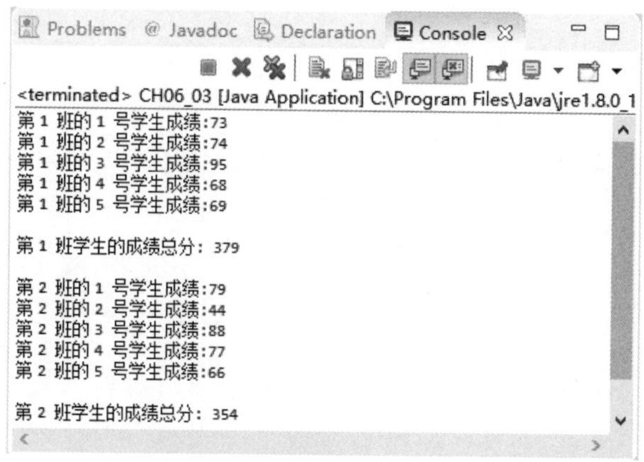

图 6-6

程序说明

- 第 06 行：定义二维整数数组，并以初始值方式设置学生成绩。
- 第 08 行：定义整数变量 i、j、Total。
- 第 10 行：外层嵌套 for 循环读取每班学生的分数。
- 第 11 行：设置整数变量 Total，并设置初始值为 0。
- 第 12 行：内层嵌套 for 循环读取每个学生的分数。
- 第 16 行：累计计算成绩总分。
- 第 19 行：输出每班学生的成绩总分。

二阶行列式

【范例程序：CH06_04.java】

下面的范例程序使用二维数组来计算二阶行列式，其行列式计算公式如下：

$$\triangle = \begin{vmatrix} a1 & b1 \\ a2 & b2 \end{vmatrix} = a1*b2-a2*b1$$

```
package ch06;

public class CH06_04 {
    public static void main (String args []){
        java.util.Scanner input_obj=new java.util.Scanner(System.in);
        int[][] arr=new int[2][2];//声明整数二维数组
        int sum; //声明整数变量

        System.out.printf("|a1 b1|\n");
        System.out.printf("|a2 b2|\n");

        System.out.printf("请输入 a1:");
        arr[0][0]=input_obj.nextInt();// 输入 a1
        System.out.printf("请输入 b1:");
        arr[0][1]=input_obj.nextInt();// 输入 b1

        System.out.printf("请输入 a2:");
        arr[1][0]=input_obj.nextInt();// 输入 a2

        System.out.printf("请输入 b2:");
        arr[1][1]=input_obj.nextInt();// 输入 b2
        // 二阶行列式的运算
        sum = arr[0][0]*arr[1][1]-arr[0][1]*arr[1][0];
        System.out.printf("|%d %d|\n",arr[0][0],
                                arr[0][1]);
        System.out.printf("|%d %d|\n",arr[1][0],
                                arr[1][1]);
        System.out.printf("sum=%d\n",sum);
    }
}
```

执行结果 如图 6-7 所示。

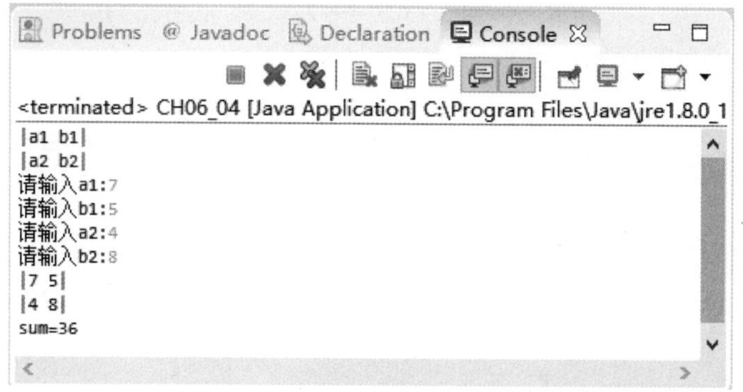

图 6-7

程序说明

- 第 06 行：声明整数二维数组 arr。
- 第 07 行：声明整数变量 sum。
- 第 09、10 行：打印输出二阶行列式公式。
- 第 13 行：输入 a1 元素。
- 第 15 行：输入 b1 元素。
- 第 17 行：输入 a2 元素。
- 第 20 行：输入 b2 元素。
- 第 23 行：二阶行列式的运算。

6.1.3 多维数组

在程序设计语言中，凡是二维以上的数组都可以称作多维数组，只要内存容量许可，就可以声明成更多维数组来存取数据。在 Java 中，如果要提高数组的维数，再多加一组括号与索引值即可。以下是几个 Java 多维数组声明的实例。

```
int[][][] Three_dim= new int [2][3][4];    //三维数组
int[][][][] Four_dim=new int[2][3][4][5];  //四维数组
```

下面对三维数组（Three-Dimension Array）进行更详细的说明，基本上三维数组的表示法和二维数组一样，都可视为一维数组的扩展。例如，声明一个单精度浮点数的三维数组：

```
float[][][] arr =new float[2][3][4];
```

下面将 arr[2][3][4] 三维数组想象成空间上的立方体，如图 6-8 所示。

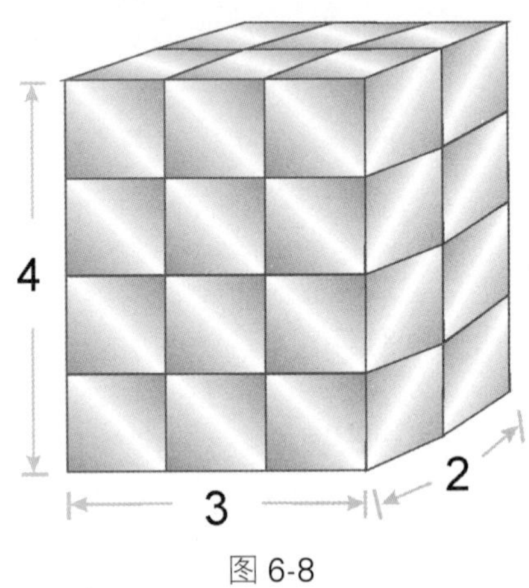

图 6-8

在设置初始值时，我们也可以想象成要初始化两个 3×4 的二维数组：

```
int[][][] A= new int[][][]{ { {1,3,5,6},// 第一个 3×4 的二维数组
                              {2,3,4,5},
                              {3,3,3,3}
                            },
                            {{2,3,3,54},// 第二个 3×4 的二维数组
                             {3,5,3,1},
                             {5,6,3,6}
                            }
                  };
```

三维数组的应用范例

【范例程序：CH06_05.java】

下面的范例程序使用三层嵌套 for 循环来输出三维数组中所有的元素值，让大家可以更清楚地了解三维数组索引值与元素间的关系。

```
01 package ch06;
02
03 public class CH06_05 {
04     public static void main (String args []){
05             int[][][] A= new int[][][]{{{1,2},{5,6}},{{3,4},
                                                  {7,8}}};
06                 // 声明并设置三维数组 A 的初始值
07
08                 int i,j,k; // 声明整数变量
09
10                 for(i=0;i<2;i++)                        // 外层循环
11                     for(j=0;j<2;j++)            // 中层循环
12                         for(k=0;k<2;k++)        // 内层循环
13                             // 打印输出三维数组中的元素
14                             System.out.printf("A[%d][%d][%d]=
                                                       %d\n",
15                                     i,j,k,A[i][j][k]);
16     }
17 }
```

执行结果 如图 6-9 所示。

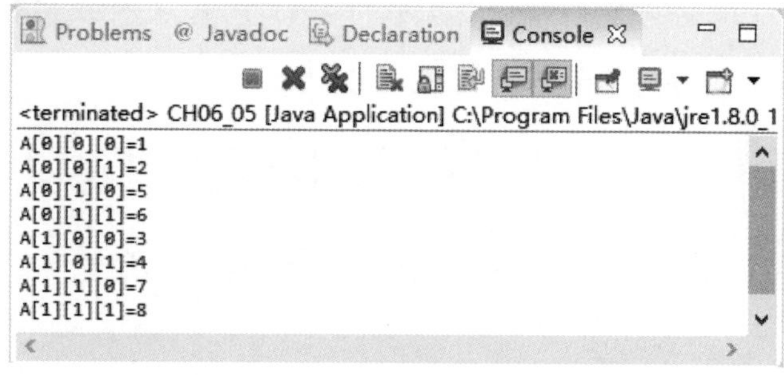

图 6-9

程序说明

- 第 05 行：声明并设置三维数组 A 的初始值。
- 第 08 行：声明整数变量 i、j、k。
- 第 10 行：外层 for 循环。
- 第 11 行：中层 for 循环。

- 第 12 行：内层 for 循环。
- 第 14、15 行：按序打印输出三维数组中的每个元素。

6.2 字符与字符串

Java 语言提供了 Character 字符、String 字符串与 StringBuffer 字符串缓冲器 3 种类来处理字符和字符串的操作，下面将进行相关的介绍与说明。

6.2.1 字符声明

字符是组成文字最基本的单位，由于 Java 采用 Unicode 编码，因此每个字符占用 2 个字节（byte）。通常字符声明可分为基本数据类型声明方式和类类型声明方式两种，这两种方式的声明方式如下：

```
char 变量名称 =' 字符 ';              // 基本数据类型声明方式
Character 对象名称 =new Character(' 字符 ');     // 类类型声明方式
```

通常我们以基本数据类型声明字符变量，当然也能以类类型来声明字符变量。定义字符时，必须将字符数据置于一对单引号内或直接以 ASCII 码或 Unicode 码来表示。下面是 3 种字符的声明方式：

```
char ch1=74;              //ASCII 码定义，代表字母 J
char ch2='A';        // 合法字符定义，代表字母 A
char ch3='\u0056'; //Unicode 码定义，代表字母 V
```

从上面的例子大概可以看出字符表示方式可分为表 6-1 所示的 3 种。

表6-1

表示方式	说明	范例
ASCII码	合法ASCII码	65、97
'Unicode字符'	合法的Unicode字符	'J'、'a'
'\uXXXX'	Unicode字符码。以\u再加上4个16进制符号	'\u0001'、'\uffff'

字符除了上述声明和使用方式外，我们也可以使用 Character 类所属的方

法来进行字符检查或转换。表 6-2 列出这个类常用的方法。

表6-2

方法名称	说明
boolean isUpperCase(char 字符)	判断字符是否为大写
boolean isLowerCase(char 字符)	判断字符是否为小写
boolean isWhitespace(char 字符)	判断字符是否为空白
boolean isLetter(char 字符)	判断字符是否为字母
static boolean isDigit(char 字符)	判断字符是否为数字
static boolean isISOControl (char 字符)	判断字符是否为控制字符
static boolean isLetterOrDigit (char 字符)	判断字符是否为数字或单字，中文也视为单字
static boolean isTitleCase (char 字符)	判断字符是否可作为变量名称的第一个字符
char toUpperCase(char 字符)	将字符转换成大写
char toLowerCase(char 字符)	将字符转换成小写
int digit(char 字符, int 基底)	返回字符以指定“基底”为进制数所代表的数值。无法转换时返回-1。例如，1在10进制中代表1，a在16进制中其实是代表10
char forDigit(int 数值, int 基底)	返回以指定“基底”为进制数的数值所代表的字符
char charValue()	返回对象所代表的字符

参考以下程序代码片段：

```
Character ch1=new Character('H');
Character ch2=new Character('J');
Character.toLowerCase(ch1);     //将 ch1 转换为小写
ch2.isLetter(ch2.charValue()); //检查 ch2 是否为英文字母
```

6.2.2 创建字符串

在 Java 语言中，将字符串分为字符串（String）类和字符串缓冲区（StringBuffer）类两种，两者的差异在于：String 类不能更改已定义的字符串内容，而 StringBuffer 类则可以更改字符串内容。Java 语言中的字符串是指双引号之间的字符，可以包含数字、英文字母、符号和特殊字符等。不过，字符串类创建的字符串主要用来定义常数字符串，并不能更改内容。所谓常数字符串，是指用双引号所创建出来的字符串。不过 String 类的字符串对象与 StringBuffer 类的字符串对象相比，所使用的内存较少，而且处理速率较高，所以在程序中较常使用 String 类的对象。以下是字符串的两种声明语法。

```
基本类型声明方式：
String 变量 =" 字符串内容 ";
类类型声明方式：
String 对象 =new String (" 字符串内容 ");
```

举例说明：

```
String str="Hello";                    // 基本类型声明方式
String str =new String ("Hello ");     // 类类型声明方式
```

当程序中声明了一个字符串变量后，就会在内存中分配一个地址给字符串，如果要将变量声明成另一个字符串内容，只是重新指向另一个字符串内容值的地址，而不是取代原来的字符串内容，因此它是一个只读字符串。

在声明字符串变量时务必要使用正确的声明方式，例如：

```
String str1="Computer";                  // 在双引号内定义字符串内容
String str2="Computer" + "Science";      // 使用两个正确的字符串相加
String str3=new String("Computer Science");
                                         // 在构造函数内定义字符串内容
```

例如以下声明方式是错误的：

```
String str1='Computer';                // 不可使用单引号定义字符串
String str2='B'+'o'+'o'+'k';           // 使用不正确的字符串相加
```

String 类与字符串

【范例程序：CH06_06.java】

下面的范例程序将示范 String 类中的各种字符串的创建方式。

```
package ch06;

public class Ch06_06 {
```

```
04      public static void main (String args []){
05              char ch1[]={'G','o','o','d'};// 声明字符数组
06              String s1="Happy New Year.";// 声明基本类型字符串
07              String s2 = new String("Time creates hero.");
                                                  // 创建字符串类对象并初始化
08              String str1=new String(ch1);
09              String str2=new String(ch1,1,2);
10              String str3=new String(s1);
11              String str4=new String(s2);
12              System.out.println(" 以字符数组来创建字符串 :"+str1);
13              System.out.println(" 以字符数组并指定字符数的方式来创
                                              建字符串 :"+str2);
14              System.out.println(" 以字符串作为参数来创建字符串 :"
                                              +str3);
15              System.out.println(" 以字符串对象作为参数来创建字符
                                             串 :"+str4);
16      }
17 }
```

执行结果 如图 6-10 所示。

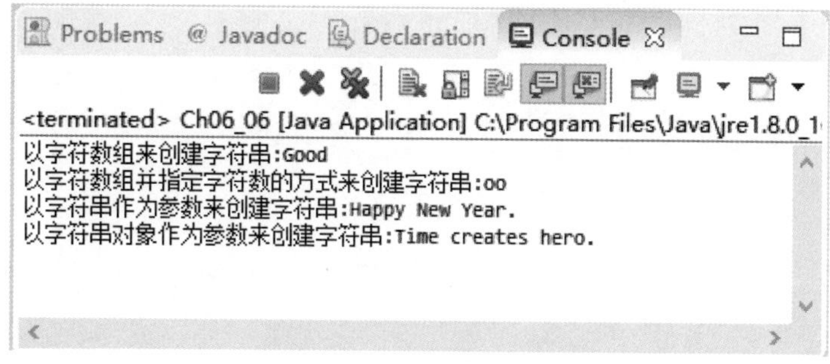

图 6-10

程序说明

- 第 06 行：使用基本类型方式声明字符串变量 s1。
- 第 07 行：使用类类型方式声明字符串变量 s2。
- 第 08~11 行：各种字符串的声明方式。
- 第 12~15 行：将所声明的字符串内容打印输出。

6.2.3 字符串数组

除了上述使用字符串类创建字符串外，我们也可以使用“字符数组（Char Array）”再配合“对象构造法”来创建和定义字符串，语法如下：

```
① String (char 字符数组名 [ ]);
② String (char 字符数组名 [ ], int 索引值 , int 字符数 );
```

```
char Name []= {'A','n','d','e','r','s','o','n' };
                                        // 创建字符数组 name
String str= new String(name,5,3);
```

第一条语句含义是声明字符串 Name，其初始内容为 "Anderson"。而 String str= new String(Name , 5 , 3) 则是将字符数组中从第 5 个索引值开始取 3 个字符，因为 name[0] 对应的是字符 "A"，name[1] 对应的是字符 "n"，以此类推，因此字符串 str 的最终内容为 "son"。

字符串数组的应用

【范例程序：CH06_07.java】

下面的范例程序用来示范如何声明一个字符串与存取每一个元素值的方式。

```
package ch06;

public class CH06_07 {
        public static void main (String args []){
                String Name[]={   "John",
                                        "Mary",
                                        "Wilson",
                                        "Candy",
                                        "Allen"};
                                          // 字符串数组的声明
                int i; // 声明整数变量 i
```

```
11
12                for(i=0;i<5;i++)
13                    // 打印输出字符串数组的内容
14                    System.out.printf("Name[%d]=%s\n",
                                       i,Name[i]);
15                System.out.printf("\n");
16            }
17    }
```

执行结果 如图 6-11 所示。

```
Problems  @ Javadoc  Declaration  Console
<terminated> CH06_07 [Java Application] C:\Program Files\Java\jre1.8.0_1
Name[0]=John
Name[1]=Mary
Name[2]=Wilson
Name[3]=Candy
Name[4]=Allen
```

图 6-11

程序说明

- 第 05~09 行：字符串数组的声明与初始值的设置。
- 第 10 行：声明整数变量 i，用来控制要输出哪一个字符串。
- 第 14 行：使用 for 循环以格式化字符 %s 直接将 Name 数组以一维方式输出每个数组元素。
- 第 15 行：换行输出。

字符串数组与学生成绩的计算

【范例程序：CH06_08.java】

下面的范例程序也是字符串数组的应用，从外部输入 3 位学生的姓名以及每位学生的三科成绩，最后以行列方式输出每位学生的姓名、三科成绩及总分。

```
package ch06;

public class CH06_08 {
    public static void main (String args []){
          java.util.Scanner input_obj=new java.util.Scanner
             (System.in);
          String name[]=new String[3];
          //声明存储姓名的字符串
          name[0]="andy";
          name[1]="michael";
          name[2]="tom";
          int[][] score=new int[3][3];
                                  //声明存储成绩的整数二维数组
          int i,total; //声明整数变量 total

          for(i=0;i<3;i++){
          //输入三科成绩
             System.out.printf("请在下行输入第 %d 位学生的三科
                                  成绩 :\n",i+1);
             score[i][0]=input_obj.nextInt();
             score[i][1]=input_obj.nextInt();
             score[i][2]=input_obj.nextInt();
          }
          System.out.printf("---------------------\n");

          for(i=0;i<3;i++){
          System.out.printf("%s\t%d\t%d\t%d",name[i],
                              score[i][0],
score[i][1],score[i][2]);
              total=score[i][0]+score[i][1]+score[i][2];
                                                 //计算三科总分
              System.out.printf("\t%d\n",total);
                                               //输出三科的总分
          }
            System.out.printf("-----------------\n");
    }
```

```
30 }
```

执行结果 如图 6-12 所示。

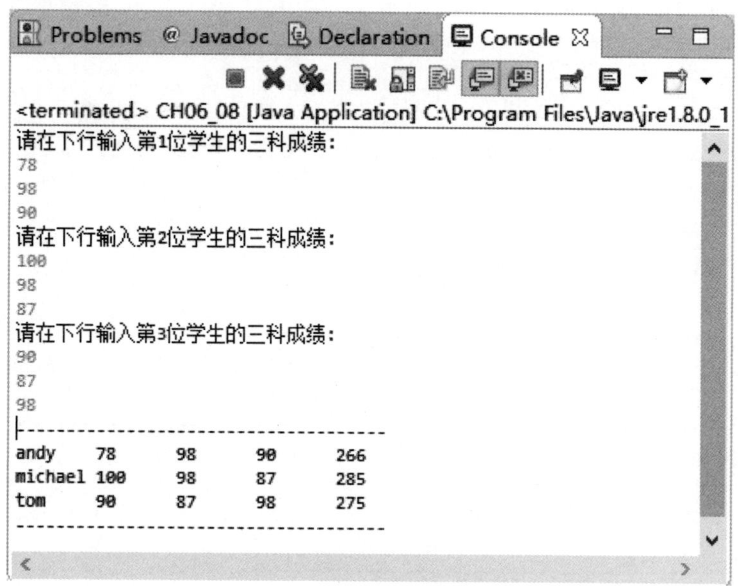

图 6-12

程序说明

- 第 06 行：声明存储姓名的字符串。
- 第 08~10 行：设置每一个姓名字符串。
- 第 17~19 行：逐行输入每一位学生的三科成绩。
- 第 24 行：以行列方式输出三科成绩。
- 第 25 行：计算三科成绩的总分。
- 第 26 行：输出三科成绩的总分。

6.3 String 类的常见方法

String 类包含许多方法，其功能不外乎索引、比较及转换等，常用方法如表 6-3 所示。

表6-3

方法名称	说明
String replace(char 原字符, char 新字符)	将字符串中指定的原字符替代为新字符
void getChars(int 字符串起始位置, int 字符串结束位置, char[ ] 字符数组, int 数组起始索引)	将字符串指定位置的字符存入指定数组的起始索引
char charAt(int 索引)	返回一个字符。返回索引所代表的字符
int length()	返回一个整数值。返回字符串长度
String trim()	返回一个字符串。将字符串删去前后空格后返回
String concat(String 字符串)	返回一个字符串。将参数字符串添加于原字符串后返回
String substring(int 起始索引)	返回一个字符串。返回起始索引后的字符串
String substring(int 起始索引,int 结束索引)	返回一个字符串。返回从起始索引到结束索引之间的字符串
String toUpperCase()	返回一个字符串。将字符串内的字符转换成大写
String toLowerCase()	返回一个字符串。将字符串内的字符转换成小写
String[] split(String 索引字符串)	返回一个字符串数组。按索引字符串将原字符串分割后返回字符串数组。 例如str1= "bRHbWYbRE"; str2=str1.split("b"); 则str2[0]= "",str2[1]= "RH",str2[2]= "WY"
static String copyValueOf(char[] 字符)	返回一个字符串。将字符数组转换为字符串后返回
static String copyValueOf(char[] 字符,int 起始索引,int 结束索引)	返回一个字符串。将字符数组中从起始索引到结束索引之间转换为字符串后返回
static String valueOf(boolean 布尔值)	返回一个字符串。将boolean值以字符串返回
static String valueOf(char 字符)	返回一个字符串。将char以字符串返回
static String valueOf(char[] 字符数组)	返回一个字符串。将char数组以字符串返回
static String valueOf(char[] 字符数组, int 起始索引, int 长度)	返回一个字符串。字符数组中在起始索引位置后，返回指定长度的字符串
static String valueOf(double d)	返回一个字符串。将double以字符串返回
static String valueOf(float 浮点数)	返回一个字符串。将float以字符串返回

（续表）

方法名称	说明
static String valueOf(int 整数)	返回一个字符串。将int以字符串返回
static String valueOf(Object 物件)	返回一个字符串。将Object以字符串返回
char[] toCharArray()	返回一个字符数组。将字符串以字符数组方式返回
byte[] getBytes()	返回一个byte数组。将字符串转换为byte数组后返回

例如以下程序代码片段：

```
String str="Time and tide wait for no man.";
System.out.println("字符串长度"+ str.length( ) );
                                        //计算字符串的长度

String str="Say hello to Jane.";
String str_new=str.replace("Jane","Daniel");  //替换字符串

String  str1= "aboard";
String  str2= "abroad";
str1.equals(str2)      // 比较 str1 和 str2 是否相同
```

6.4 综合范例程序 1——冒泡排序法

排序（Sorting）是指将一组数据按特定规则调换位置，使数据具有某种次序关系（递增或递减），在此我们要介绍常见的“冒泡排序法”（Bubble Sort）。下面使用 6、4、9、8、3 数列示范排序的过程，让大家清楚地知道冒泡排序法的算法流程。

从小到大排序，原始值如图 6-13 所示。

原始值：6 4 9 8 3

图 6-13

第一次扫描会先拿第一个元素 6 和第二个元素 4 进行比较，如果第二个元素小于第一个元素，就执行交换的操作。接着拿 6 和 9 进行比较，就这样一直比较并交换，到第 5 次比较完后即可确定最大值在这个数组的最后面，如图 6-14 所示。

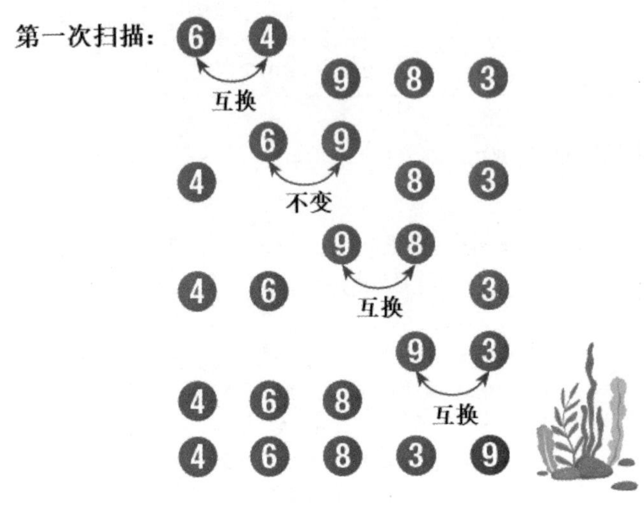

图 6-14

第二次扫描也是从头开始比较，但是由于最后一个元素在第一次扫描就已确定是数组中的最大值，故只需比较 4 次即可把剩余数组元素的最大值排到剩余数组的最后面，如图 6-15 所示。

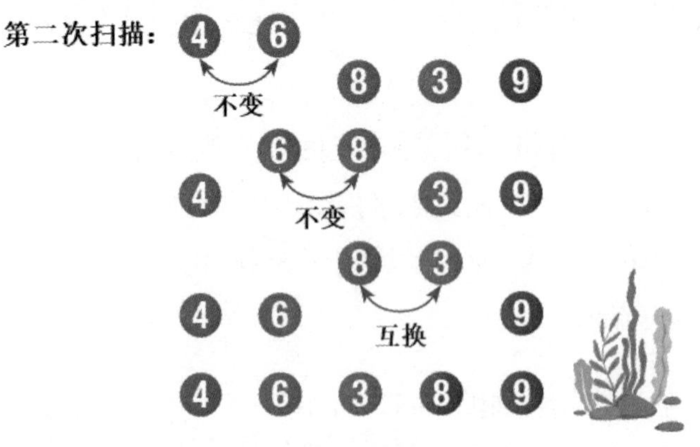

图 6-15

第三次扫描完，完成 3 个值的排序，如图 6-16 所示。

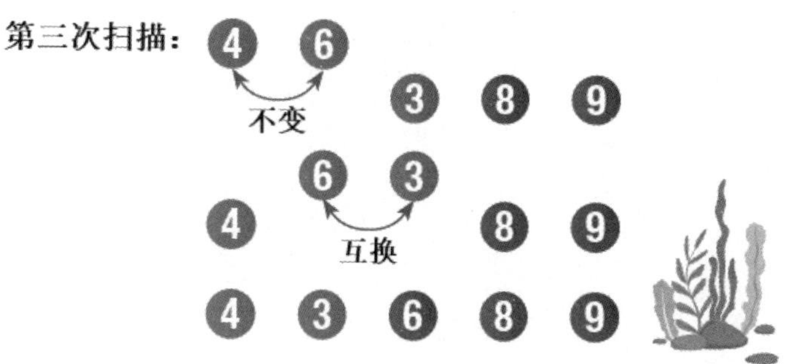

图 6-16

第四次扫描完，即可完成所有排序，如图 6-17 所示。

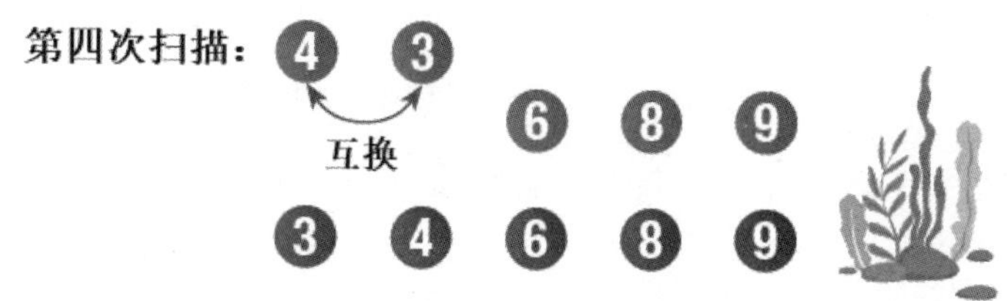

图 6-17

由此可知，5 个元素的冒泡排序法必须执行 5-1 = 4 次扫描，第一次扫描需比较 5 – 1 = 4 次，因此 4 次扫描一共比较 4 + 3 + 2 + 1 = 10 次。

下面的范例程序是用冒泡排序法将一维数组中的元素从小到大进行排序（采用 for 循环），这些数列值将存放在一维数组中：

```
26,35,49,37,12,8,45,63
```

冒泡排序法

【范例程序：CH06_09.java】

```
package ch06;

public class CH06_09 {
    public static void main (String args []){
        int i,j,tmp;
        int data[]={26,35,49,37,12,8,45,63}; // 原始数据
        System.out.printf(" 冒泡排序法：\n 原始数据为：");
```

```
        for (i=0;i<8;i++)
              System.out.printf("%3d",data[i]);  // 输出原始数据
        System.out.printf("\n");

        for (i=7;i>0;i--){ // 扫描次数
              for (j=0;j<i;j++){ // 比较、交换次数
                    if(data[j]>data[j+1]){// 比较相邻两数，若第一个数较大，则交换
                          tmp=data[j];
                          data[j]=data[j+1]; // 交换顺序
                          data[j+1]=tmp;
                    }
              }
        }
        System.out.printf("排序后的结果为: ");
        for (i=0;i<8;i++)
              System.out.printf("%3d",data[i]);
        System.out.printf("\n");
    }
}
```

执行结果 如图 6-18 所示。

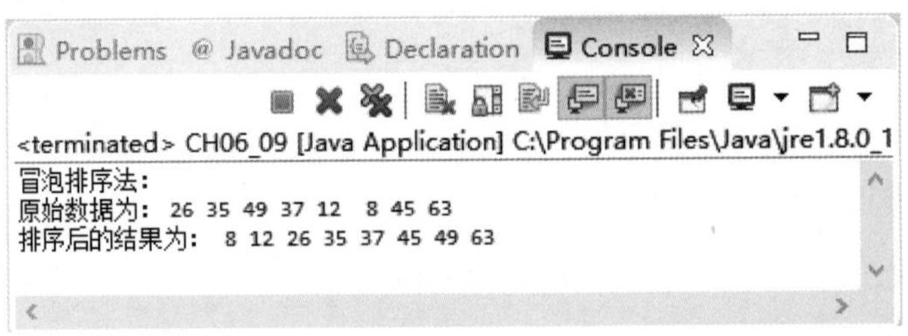

图 6-18

6.5 综合范例程序 2——成绩段分布图的制作

下面的范例程序是结合 if-else 条件语句与一维数组的应用。使用一个长度为 6 的数组（即具有 6 个元素的数组）来存储位于各个分数段的学生人数，

再打印输出学生成绩的分布图，以星号代表该分数段的人数。这 6 个数组元素的作用如表 6-4 所示。

表6-4

元素	作用	元素	作用
degree[0]	总分在901~990 的人数	degree[3]	总分在401~600的人数
degree[1]	总分在781~900的人数	degree[4]	总分在251~400的人数
degree[2]	总分在601~780的人数	degree[5]	总分在10~250的人数

成绩段分布图的制作

【范例程序：CH06_10.java】

```
package ch06;

// 初始化数组并计算学生成绩的分布图
public class CH06_10{
      public static void main(String[] args){
            // 数据声明并初始化数组
            int score[]={990,930,375,880,650,695,475,
                         575,770,125};
            int degree[]=new int[6];
            int i,j,sum=0;
            double avg=0.0;
            String title[]=new String[6];
            // 声明存储分数段的字符串
            title[0]="901~990";
            title[1]="781~900";
            title[2]="601~780";
            title[3]="401~600";
            title[4]="251~400";
            title[5]=" 10~250";

            // 使用循环计算总分，并统计对应的分数段人数
            for (i=0; i<10; i++)
            {
                  sum += score[i]; // 计算总分
```

```
                    if (score[i]>=901 &&
                                 score[i]<=990)
                        degree[0]++;
                    else if (score[i]>=781 &&
                                  score[i]<=900)
                        degree[1]++;
                    else if (score[i]>=601 &&
                                  score[i]<=780)
                        degree[2]++;
                    else if (score[i]>=401 &&
                                  score[i]<=600)
                        degree[3]++;
                    else if (score[i]>=251 &&
                                  score[i]<=400)
                        degree[4]++;
                    else
                        degree[5]++;
            }
            avg = (double)sum /(double)10; //计算平均分
            System.out.println("人数分布图如下：");
            System.out.print("分数段\t\t人数\n");
            for (i=0; i<6; i++)
            {
                System.out.printf("%s \t",title[i]);
                                        //设置分数段的输出文字
                for (j=0;j<degree[i];j++)
                   System.out.print("*");
                                      //以星号代表该分数段的人数
                System.out.print("\n");
            }
            System.out.println("总分="+sum+" ,
                                            平均分="+avg);
        }
    }
```

执行结果 如图 6-19 所示。

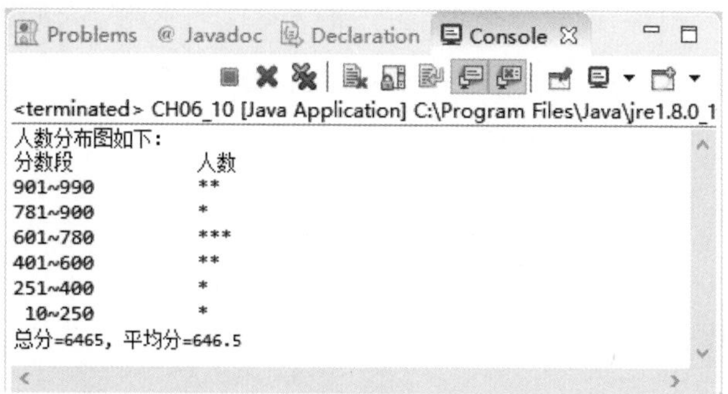

图 6-19

本章重点回顾

- 数组可以看作一组具有相同名称与数据类型的集合，并且在内存中占有一块连续的内存空间。
- 在 Java 语言中，一个数组元素可以表示成一个“数组名”和“索引”。在编写程序时，只要使用数组名和索引值（index）就可以处理一组相同类型的数据。
- 在定义一维数组时，如果没有指定数组元素的个数，那么编译器会自动将数组长度定为初始值的个数。
- 在 Java 语言中，一维数组的声明格式如下：

```
数据类型 []  数组名 = new 数据类型 [ 数组长度 ];
```

- 在 Java 语言中，二维数组的声明格式如下：

```
数据类型 [][]  数组名 =new 数据类型 [ 行数 ][ 列数 ];
```

- 二维以上的数组都可以称作多维数组，只要内存容量许可，都可以声明成更多维数组来存取数据。
- Java 语言提供了 Character 字符、String 字符串与 StringBuffer 字符串缓冲器 3 种类来处理字符和字符串的相关操作。
- Java 采用的是 Unicode 编码，所以每个字符占用 2 个字节（byte）。
- 在 Java 语言中，将字符串分为字符串（String）类和字符串缓冲区（StringBuffer）类两种，两者的差异在于 String 类不能更改已定义的字符串内容，而 StringBuffer 类则可以更改已定义的字符串内容。

- 除了上述使用字符串类创建字符串外，我们也可以使用“字符数组（Char Array）”再配合“对象构造法”来创建字符串。

课后习题

填空题

1. 数组是通过______来指出数据在数组（或内存）中的位置。

2. Java 语言提供了_______、______与_______3 种类来处理字符和字符串的相关操作。

3. 在 Java 语言中，数组的索引值从_______开始。

4. int[][] num=new int [4][6]; 这个数组将会有______个元素。

5. Java 采用的是 Unicode 编码，所以每个字符占用_______个字节。

6. 在二维数组设置初始值时，为了清楚地分隔行与列，除了最外层的 {} 外，最好以______括住每一行的元素初始值，并以______分隔每个数组元素。

问答与实践题

1. 字符串（String）类和字符串缓冲区（StringBuffer）类两者间的主要差异是什么？

2. 如何在 Java 声明一维数组的同时设置数组元素的初值？

3. 下面的多维数组的声明是否正确？

```
int[][] A=new int[3][3] {{1,2,3},{2,3,4},{4,5,6}};
```

4. 字符声明方式可分为哪两种，试简单说明。

第 7 章

Java 的类方法

本章重点

- 认识函数的基本概念
- 如何创建类方法
- 如何调用方法
- Java 语言中方法的参数传递
- 数组参数的传递
- 递归函数

结构化程序设计的另一个重点是将程序从大到小逐步分解成较小的单元，这些单元称为模块（Module），从程序实现的角度来看，称为函数（Function），在 Java 这种面向对象程序设计语言中，则被称为类的方法（Method）。简单来说，函数就是一段程序代码的集合，并且给予一个名称来代表。如果将程序中要重复执行特定功能的程序代码独立出来写成函数，就可以精简主程序的重复流程，减轻程序人员编写相同程序代码的负担，更能大幅降低日后程序维护的成本。

7.1 函数的基本概念

Java 中的函数是一种类的成员，称为方法。Java 的方法有两种：一种是属于类的“类方法”（Class Method），另一种则是对象的“实例方法”（Instance Method）。在其他程序设计语言中经常谈到的函数就是 Java 程序设计语言中的“类方法”。至于“实例方法”则涉及更高级的面向对象程序设计中的类与对象的实现，这些内容不在本书的讨论范围。

方法的来源可分为 Java 本身提供和编程者自行设计两种。Java 会将程序中所有相关的类加以汇总并形成一种“函数库”（Library）。就如同在 C/C++ 程序中为编程者提供的“#include”指令，用来直接导入“*.h”函数库文件。Java 的工具程序包也同样能以导入的方式来声明，编程者只要使用关键字“import”并加上程序包名称就可以使用已事先定义的方法。自定义方法是编程者按照自己的需求来设计的方法，这也是本章将说明的重点，包括方法声明、自变量的使用、方法主体与返回值等重点。

7.1.1 创建类方法

接下来学习如何定义一个方法的主体结构，Java 的类方法是由方法名称和大括号所括起来的程序语句区块所组成的，基本结构如下：

```
访问修饰词 static 返回值类型 方法名称 ( 参数行 ) {
    程序语句区块 ;
:
```

```
    return 返回值 ;
}
```

这里使用 static 修饰词来声明，表示这个类方法属于“静态方法”（Static Method），而最前面的访问修饰词（Access Specifier）也是一种修饰词，可以是 public 或 private，如果被声明成 public，就表示这个方法在程序中的任何地方都可以被调用，或者其他类也可以调用；如果被声明为 private，那么这个方法只限于在这个类中进行调用。

方法名称是我们定义方法主体的第一步，由设计者自行来命名，命名规则与变量命名规则一样，当然最好能具备可读性。方法名称后面括号内的参数行务必同时填上每一个数据类型与参数名称。至于方法主体，则是由程序语句组成的，在程序代码编写的风格上，还是建议大家尽量使用注释来说明方法的作用。

至于 return 指令后面的返回值类型，必须与方法类型相同。例如，若返回整数，则使用 int；若返回浮点数，则使用 float；若没有返回值，则加上 void。如果方法类型声明为 void，那么最后的 return 关键字可省略。

例如，以下程序代码就是一个功能相当简单的自定义方法：

```
public static void fun1() {
    // 函数的主体内容
    System.out.print("Hello! 我是函数 !\n");
}
```

这是一个没有返回值和参数行的方法，由于这个 fun1() 方法中并没有传递任何自变量与返回值，所以声明为 void 类型，也就省略了 return 指令。如果方法有返回值，就可运用赋值运算符“=”将返回值赋值给某个变量来接收，例如：

```
变量 = 方法名称 ( 自变量 1, 自变量 2, ……….);
```

方法返回值一方面可以代表方法的执行结果，另一方面可以用来检测方法是否成功地执行完毕。

7.1.2 方法的调用

在方法的主体创建好之后，就可以在程序中直接调用该方法。在进行方法调用时，只要将需要处理的参数传给该方法，并安排变量来接收方法的运算结果，就可以正确且妥善地使用方法。调用 Java 方法可以直接以方法名称进行调用，例如：

```
fun1();
```

这是因为进行方法调用所在的位置和被调用的方法在同一个类中，所以调用时可以省略类的名称。如果是在其他类中调用这个方法，就必须加上类名称才能调用这个类所定义的方法，例如以下语句：

```
CH07_01.fun1();
```

下面来示范如何自定义方法以及如何调用，包括方法主体内容的定义与方法调用，虽然这个 fun1() 方法的功能相当简单，但它完整地说明了自定义方法的基本结构与调用方法的方式。

“Hello! 我是函数 !” 方法

【范例程序：CH07_01.java】

下面的范例程序是一个简单方法的自定义与调用，当调用 fun1() 方法时，会打印出 " Hello! 我是函数 !" 字样，打印完毕后会自动换行。

```
package ch07;

public class CH07_01 {

    public static void fun1() {
     // 函数的主体内容
          System.out.print("Hello! 我是函数 !\n");
    }

```

```
10      public static void main(String[] args){
11              fun1(); // 因为这个方法在同一个类中，所以可以直接以
                        方法名称来调用
12              CH07_01.fun1(); // 也可以用类名称 . 方法名称来进行调用
13      }
14 }
```

执行结果 如图 7-1 所示。

Problems @ Javadoc Declaration Console

<terminated> CH07_01 [Java Application] C:\Program Files\Java\jre1.8.0_1

Hello!我是函数!
Hello!我是函数!

图 7-1

程序说明

- 第 05~08 行：定义 fun1() 方法的主体内容，这个方法里面只是简单的输出指令。
- 第 11 行：因为这个方法在同一个类中，所以可以直接以方法名称来调用。
- 第 12 行：也可以用类名称 . 方法名称来调用，此范例程序的类名称为 CH07_01，所以 CH07_01.fun1() 这条语句就是调用 CH07_01 类中所定义的 fun1() 方法。

方法范例——数字比大小

【范例程序：CH07_02.java】

下面的范例程序将说明完整方法的声明、定义与调用方式，将会自定义一个 mymax() 方法，可以让用户输入两个数字，并比较哪一个数字较大。如果输入的两个数一样，就输出其中任意一数。

```
01    package ch07;
02
03    public class CH07_02 {
04        //mymax 函数定义主体
05        public static int mymax(int x,int y){
06            if(x>y)
07                return x; // 假如 x>y，则返回 x 值
08            else
09                return y; // 否则返回 y 值
10        }
11
12        public static void main(String[] args){
13            int a,b;
14            java.util.Scanner input_obj
15                    =new java.util.Scanner
                     (System.in);
16            System.out.printf(" 数字比大小 \n 请输入 a:");
17            a=input_obj.nextInt(); // 输入整数变量 a
18            System.out.printf(" 请输入 b:");
19            b=input_obj.nextInt(); // 输入整数变量 b
20            System.out.printf(" 较大者的值为 :%d\n",
                          mymax(a,b));
21        }
22    }
```

执行结果 如图 7-2 所示。

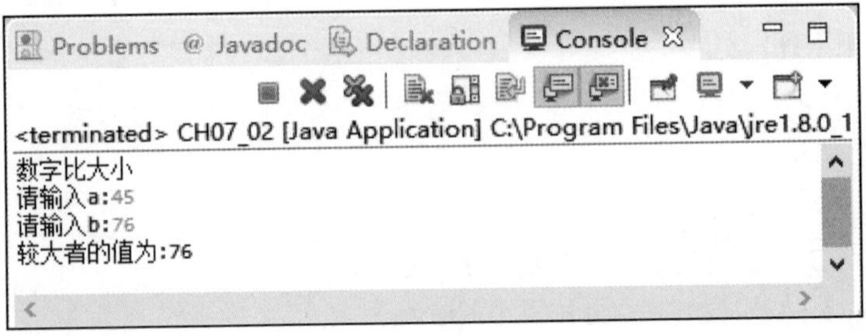

图 7-2

程序说明

- 第 04~10 行：mymax 方法定义主体，通过第 06 行的 if 条件判断表达

式来决定返回 a 或 b 的值。

- 第 13 行：声明整数变量 a、b。
- 第 17 行：输入整数变量 a。
- 第 19 行：输入整数变量 b。
- 第 20 行：调用 mymax(a,b) 方法，并以 a 与 b 当作参数传递给 mymax 方法。

7.1.3 参数传递方式

Java 语言的方法中的参数传递是将主程序中调用方法的自变量值传递给方法中的参数，然后在方法中处理定义的程序语句。根据所传递的是参数的数值或参数的地址而有所不同，参数传递的方式可分为“传值调用”（call by Value）与“传引用调用”（call by Reference）两种。

> **注意**
>
> 我们实际调用方法时所提供的参数通常简称为“自变量”或实际参数（Actual Parameter），而在方法主体所声明的参数常简称为“参数”或形式参数（Formal Parameter）。

传值调用表示在调用方法时会将自变量的值逐一地复制给方法的参数，由于在方法中需要另外分配内存来存储参数值，因此在方法中对参数的值做任何更改都不会影响原来的自变量，也就是不会修改原先主程序中用来调用的变量值。传引用调用表示在调用方法时所传递给方法的参数值是变量的内存地址，如此方法的自变量将与所传递的参数共享同一块内存地址，因此对于自变量值的更改当然也会连带影响共享地址的参数值。

Java 参数按照不同数据类型会有不同的默认传递方式，例如 int、char、double 等基本数据类型的参数传递方式都是使用传值调用。但是，如果是传递数组或传递由类所创建的对象，就以“传引用”的方式进行，例如 StringBuffer、Array 这类对象，其参数传递方式是传址方式，但是因为 String 字符串对象不允许更改其字符串的内容，所以 String 字符串对象都是使用传值调用的。

传值调用的范例

【范例程序：CH07_03.java】

下面的范例程序用来说明传值调用的方式，目的在于将两个变量的内容传到自定义方法 swap_test() 内来进行交换，不过由于采用传值调用方式，因此不会对自变量本身做修改，也不会达到 main() 方法中变量内容交换的功能，大家可仔细观察传值调用前后的输出结果。

```
package ch07;


public class CH07_03 {
    public static void swap(int x,int y) { //未返回值
            int t;
            System.out.printf("在swap方法内交换前：x=%d,
                                        y=%d\n",x,y);
            t=x;
            x=y;
            y=t; //交换过程
            System.out.printf("在swap方法内交换后：x=%d,
                                          y=%d\n",x,y);
    }

    public static void main(String[] args){
            int a,b;
            a=10;
            b=20;       //设置a、b的初值
            System.out.printf("调用swap方法交换前：a=%d,
                                          b=%d\n",a,b);
            swap(a,b);//方法调用
            System.out.printf("调用方法交换后：a=%d,
                                          b=%d\n",a,b);
    }
}
```

执行结果 如图 7-3 所示。

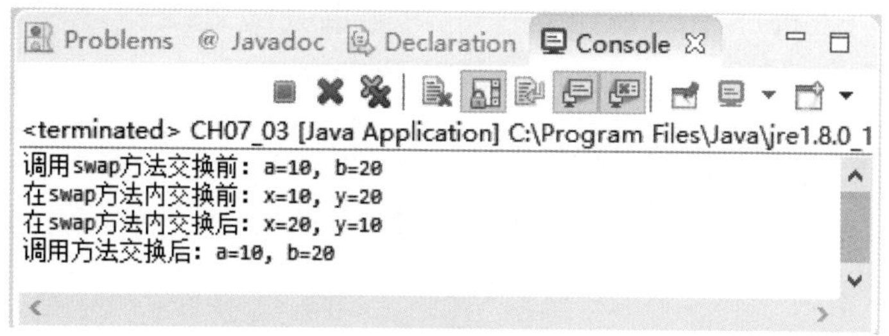

Problems
@ Javadoc
Declaration
Console
<terminated> CH07_03 [Java Application] C:\Program Files\Java\jre1.8.0_1
调用swap方法交换前：a=10, b=20
在swap方法内交换前：x=10, y=20
在swap方法内交换后：x=20, y=10
调用方法交换后：a=10, b=20

图 7-3

程序说明

- 第 05~12 行：使用 swap() 方法定义主体。
- 第 08~10 行：x 与 y 变量数值的交换过程。
- 第 15 行：声明整数变量 a、b。
- 第 16、17 行：设置 a、b 的初始值。
- 第 19 行：swap() 方法调用。

7.2 数组参数传递

方法中要传递的对象如果不只是一个变量，例如数组数据，也可以把整个数组传递过去。由于数组名存储的值其实是数组第一个元素的内存地址，因此我们只要把数组名当成方法的自变量来传递即可，可以把传递单个变量想象成一辆汽车经过隧道，而传递整个数组就好比一整列火车经过隧道，如图 7-4 所示。

图 7-4 传递数组就好比一整列火车经过隧道

7.2.1 一维数组的传递

由于将数组传递给方法时只是传递该数组存放在内存的地址，不用像一般变量一样将数组的每个元素都复制一份来传递，如果在方法中改变了数组的内容，所调用主程序中的数组自变量内容也会随之改变。

传址调用的范例

【范例程序：CH07_04.java】

下面的范例程序将一维数组 array 以传址调用的方式传递给 Multiple() 方法，在方法中将一维 array 数组中的每个元素值都乘以 5，这样也会将主程序中 array 数组的元素值都改变（都乘以 5）。

```
package ch07;

public class CH07_04 {
    public static void main(String[] args){
            // 声明并给数组设置初始值
            int i,array[]={11,52,33,41,65,71};
            int n=6;
            System.out.print("调用 Multiple() 前，
                                        数组的内容为：");
            // 打印输出数组的内容
            for(i=0;i<n;i++)
                  System.out.printf("%d ",array[i]);
            System.out.print("\n");
            // 调用方法 Multiple()
            Multiple(array,n);
            System.out.print("调用 Multiple() 后，数组的内容为：");
            // 打印输出数组的内容
            for(i=0;i<n;i++)
                  System.out.printf("%d ",array[i]);
            System.out.print("\n");
    }

    // 定义 Multiple() 方法主体
    public static void Multiple(int arr[],int n1)
    {
       int i;
```

```
26        for(i=0;i<n1;i++)
27            arr[i]*=5; // 每个数组的元素值乘以 5
28    }
29 }
```

执行结果 如图 7-5 所示。

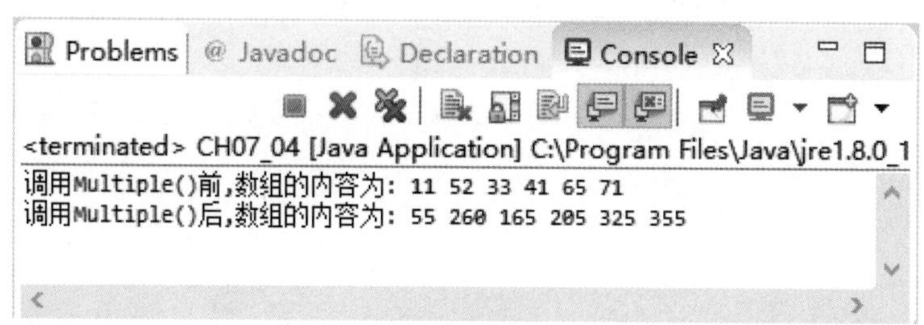

图 7-5

程序说明

- 第 06 行：声明并给数组 array 设置初始值。
- 第 10、11 行：输出 array 数组中的所有元素。
- 第 14 行：调用方法 Multiple() 直接把数组名当成方法的自变量来传递。
- 第 17、18 行：打印输出从方法 Multiple() 返回的 array 数组的所有元素。
- 第 23~28 行：定义 Multiple() 方法主体。
- 第 27 行：每个数组元素值乘以 5。

7.2.2 多维数组传递

当然类的方法也可以用来传递二维或多维数组，多维数组传递的方式和一维数组大致相同。例如，传递二维数组只要再加上一个中括号“[]”即可；要传递三维数组，则要加上两个中括号“[][]”。

二维数组与参数传递

【范例程序：CH07_05.java】

下面的范例程序是将二维数组 score 传递给 cal_score() 函数，在函数中将每项成绩都乘以 120%，最后输出此数组的每个元素值，注意函数的声明与调用时二维数组的表示方法。

```
package ch07;

public class CH07_05 {
    public static void main(String[] args){
        // 声明并初始化存储成绩的二维数组
        int score[][]={{59,69,73,82,45},{81,42,53,64,55}};
        int i,j;
        // 调用并传递二维数组
        cal_score(score,2,5);

        System.out.print("----------------------\n");

        for(i=0; i<2; i++){
           for(j=0; j<5;j++)
              // 输出二维数组各元素的函数
              System.out.printf("%d  ",score[i][j]);
           System.out.print("\n");
        }
    }

    // 定义 cal_score() 函数主体
    static void cal_score(int arr[][],int r,int c) {
        int i,j;
        for(i=0; i<r; i++){
             for(j=0; j<c;j++){
                System.out.printf("%d",arr[i][j]);
                                                // 输出二维数组各元素的函数
                arr[i][j]=(int)((int)arr[i][j]*1.2);
                                                        // 数组元素乘以 1.2
             }
             System.out.printf("\n");
          }
    }
}
```

执行结果 如图 7-6 所示。

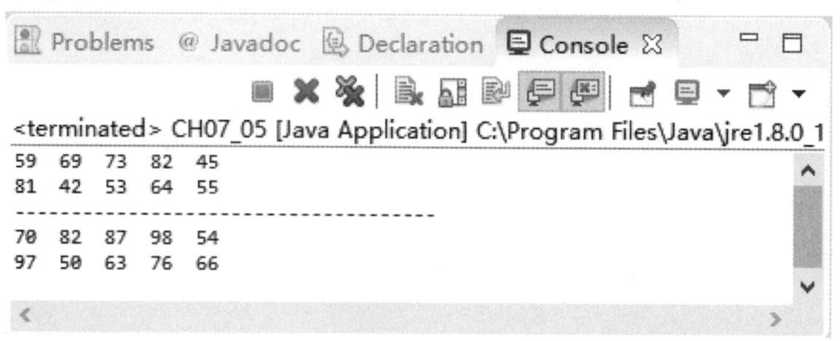

图 7-6

程序说明

- 第 06 行：声明并初始化存储成绩的二维数组。
- 第 09 行：调用 cal_score() 并传递二维数组。
- 第 13~17 行：打印输出从 cal_score() 返回的 score 数组的所有元素。
- 第 22~31 行：定义 cal_score() 函数主体。
- 第 27 行：arr 数组中每个元素乘以 1.2。

三维数组与参数传递

【范例程序：CH07_06.java】

本范例程序是将三维数组 num 传递给可以返回最小值的函数 min()，我们可以观察三维数组传递的声明及调用方式与二维数组传递的声明及调用方式的不同。

```
int num[2][3][3]=
              {{{43,45,67},
                {73,71,56},
                {55,38,66}},
                {{21,39,25 },
                {38,89,18},
                {90,101,89}}};
```

```
package ch07;

public class CH07_06{
    public static void main(String[] args){
          int num[][][]=
            {{{43,45,67},
             {73,71,56},
             {55,38,66}},
             {{21,39,25},
             {38,89,18},
            {90,101,89}}};// 声明三维数组

          System.out.printf("三维数组的最小值= %d\n",
                                   min(num,2,3,3));
    }

    // 定义min()函数主体
    public static int min(int arr[][][],int a,int b,int c){
          int i,j,k,min_value;
        // 设置min_value的值为数组的第一个元素值
        min_value=arr[0][0][0];

        for(i=0;i<a;i++)
          for(j=0;j<b;j++)
                for(k=0;k<c;k++)
                      if(min_value>=arr[i][j][k])
                            // 使用三重循环找出最小值
                            min_value=arr[i][j][k];
        return min_value; // 返回整数 min_value
    }
}
```

执行结果 如图 7-7 所示。

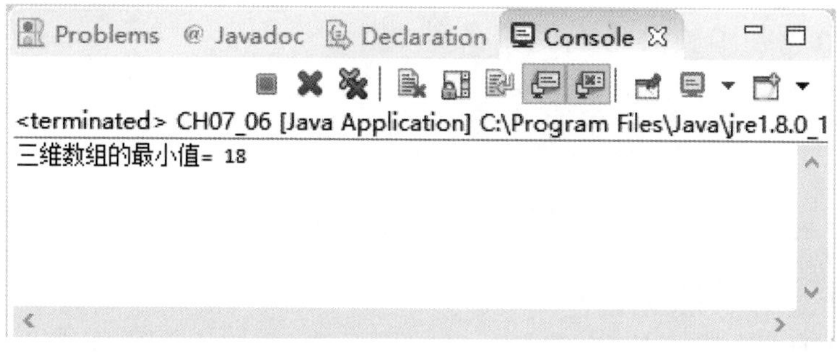

图 7-7

程序说明

- 第 05~11 行：声明并初始化三维数组 num。
- 第 13 行：输出与调用 min() 函数，min() 函数返回整数值。
- 第 17~29 行：定义 min() 函数主体。
- 第 20 行：设置 min_value 的值为 arr 数组的第一个元素值。
- 第 22~27 行：使用 3 重循环找出 arr 数组中元素的最小值。
- 第 28 行：返回整数 min_value 的值。

7.3 递归函数

函数（在 Java 中也可以称为方法）不单只是能够被其他函数调用的程序区块，Java 语言也提供了函数调用自身的功能，就是所谓的递归函数。递归函数（Recursion）在程序设计上是相当好用而且重要的概念，使用递归可以使得程序变得相当简洁，但设计时必须非常小心，因为很容易造成无限循环或导致内存的浪费。

递归的定义

递归函数的精神是在函数自己内部调用自己，我们可以将递归函数定义如下：

假如一个函数或程序区块是由自身所定义或调用的，就称为递归。

通常一个递归函数必备的两个条件如下：

（1）一个可以反复执行的过程。

（2）一个跳出反复执行过程的出口。

例如，数学上的阶乘问题就非常适合采用递归来运算，以 5! 这个阶乘运算为例，我们可以逐步分解它的运算过程，观察出一定的规律性：

```
5! = (5 * 4!)
= 5 * (4 * 3!)
= 5 * 4 * (3 * 2!)
= 5 * 4 * 3 * (2 * 1)
= 5 * 4 * (3 * 2)
= 5 * (4 * 6)
= (5 * 24)
= 120
```

我们可以将每一个括号想象为每一次的函数调用，这个运算分解的过程就相当于递归运算。

求解 n 阶乘方法

【范例程序：CH07_07.java】

下面的范例程序将使用一个求解 *n* 阶乘（*n*!）的函数来示范递归的用法，这个程序要求用户输入 *n* 数值的大小，最后求得 1×2×3×⋯×*n* 的结果。例如 *n*=4，则 1×2×3×4=24。

```
package ch07;

public class CH07_07 {
    public static void main(String[] args){
           int n;
           java.util.Scanner input_obj=new java.util.Scanner
            (System.in);
```

```
07            System.out.print(" 请输入 n 值：");
08            n=input_obj.nextInt(); // 输入所求 n! 的 n 值
09        System.out.printf("%d! = %d\n",n,ndegree_rec(n));
10    }
11
12    public static int ndegree_rec(int n)// 定义递归函数的主体
13    {
14        if(n==1)
15            return 1; // 跳出反复执行过程的出口
16        else
17            return n*ndegree_rec(n-1); // 反复执行的过程
18    }
19 }
```

执行结果 如图 7-8 所示。

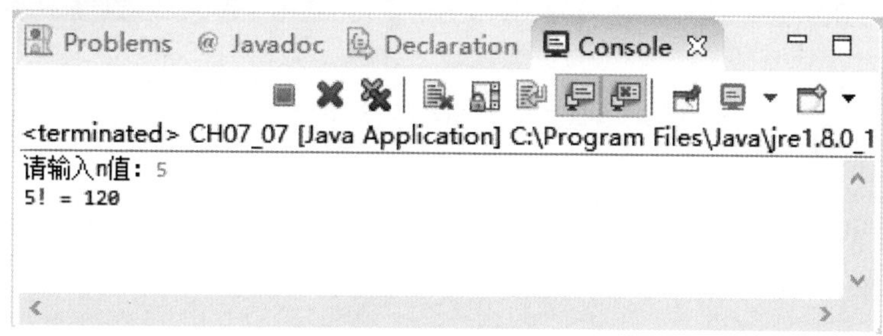

图 7-8

程序说明

- 第 08 行：输入所求 n! 的 n 值。
- 第 09 行：输出 n 值与 ndegree_rec() 函数的返回值。
- 第 12~18 行：定义 ndegree_rec() 函数主体。
- 第 14、15 行：当 n==1 时，跳出反复执行过程的出口，并返回 1。
- 第 16、17 行：当 n!=1 时，继续计算这个 n 值乘上 (n-1)! 的结果，ndegree_rec(n-1) 的部分会以 n-1 的值当成自变量继续调用 ndegree_rec() 函数。

7.4 Math 类的常见方法

在程序中经常需要处理数字或数值之间的运算，Java 的 Math 类中提供了许多运算方法，例如随机数、指数、三角函数、开根号等。Math 类中的方法都声明为静态（static），可以用“类名称 . 方法名称”的格式调用这些方法，例如下面为求数值 num 的绝对值方法的调用方式：

```
Math.abs(num);        // 求取数值 num 的绝对值
```

Math 类中定义了两个数学上常使用的常数，简介如表 7-1 所示。

表7-1

常数名称	说明
E	数学上的自然数e，大约是2.718281828459045
PI	圆周率（π），大约是3.141592653589793

另外，Math 类提供了计算随机数、最大值、最小值、四舍五入、三角函数等实用方法。表 7-2 列出了一些实用方法。

表7-2

方法名称	说明
static int max(int, int) static long max(long, long) static double max(double, double) static float max(float, float)	返回两个相同数据类型的数值其中的最大值
static int min(int, int) static long min(long, long) static double min(double, double) static float min(float, float)	返回两个相同数据类型的数值其中的最小值
static double pow(double 底数, double 次方)	返回底数的次方值
static double sqrt(double)	返回数值的开根号值
static double exp(double)	返回以自然数E为底的指数值，即E的数值次方
static double log(double)	返回数字的自然对数值

（续表）

方法名称	说明
static double sin(double弧度)	返回三角函数的正弦值
static double cos(double 弧度)	返回三角函数的余弦值
static double tan(double 弧度)	返回三角函数的正切值
static double asin(double 弧度)	返回三角函数的反正弦值
static double acos(double 弧度)	返回三角函数的反余弦值
static double atan(double 弧度)	返回三角函数的反正切值
static double random () static float random()	产生一个介于0.0~1.0的随机数
static double toRadians(double 弧度)	将弧度转换成角度
static double toDegrees(double 角度)	将角度转换成弧度
static double ceil(double 数值)	获取不小于指定数值的最小整数
static double floor(double 数值)	获取不大于指定数值的最大整数
static double rint(double 数值)	返回双精度浮点数最接近的整数值，当个位数为奇数时，小数第一位会四舍五入；当为偶数时，则五也会舍去
static int round(float)	返回单精度浮点数四舍五入后的整数
static long round(double)	返回双精度浮点数四舍五入后的长整数
static int abs(int, int) static long abs(long, long) static double abs(double, double) static float abs(float, float)	返回各数据类型数值的绝对值

彩票游戏猜猜猜

【范例程序：CH07_08.java】

虽然随机数生成的数字默认介于 0.0~1.0 之间，不过还是可以使用一些计算的小技巧使所产生的随机数符合程序的范围需求，以下是它的设置方法：

```
(数据类型)(random( )*(最大范围值 - 最小范围值 +1)+ 最小范围值);
```

经过如此设置后，就能产生所需范围的随机数字。

```
01 package ch07;
02
03 public class CH07_08 {
04     public static void main(String[] args){
05             int[] num=new int[6];
06             System.out.println("计算机帮你挑选彩票幸运号码：");
07             for(int i=0; i<num.length;i++){
08                   num[i]=(int)(Math.random()*49+1);//产生号码
09                   System.out.print(num[i]+" ");
10             }
11     }
12 }
```

执行结果 如图 7-9 所示。

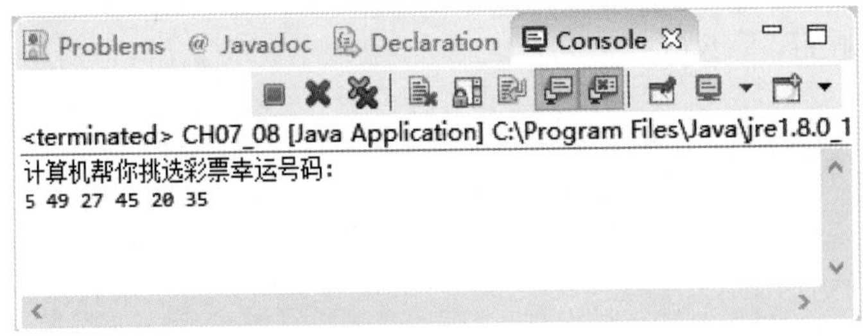

图 7-9

程序说明

- 第 08 行：使用 Math 类中的 random() 方法产生 1~49 之间的随机数。
- 第 09 行：输出计算机挑选的随机数号码。

7.5 综合范例程序 1——汉诺塔游戏

我们在讨论递归的概念时，其中法国数学家 Lucas 所提出的汉诺塔游戏可以传神地体现递归思维的特别之处。可以这样来描述汉诺塔游戏：假设有 3 个木桩和 n 个大小均不相同的盘子，开始的时候，n 个盘子都套在 1 号木桩上，现在希望能找到将 1 号木桩上的盘子借助 2 号木桩作为中间桥梁，全部移到 3 号木桩上，找出最少移动次数的方法。不过在移动时必须遵守下列规则：

（1）直径较小的盘子永远放在直径较大的盘子之上。

（2）盘子可从任意一个木桩移到其他木桩上，但是每一次只能移动一个盘子。

汉诺塔游戏示意图如图 7-10 所示。

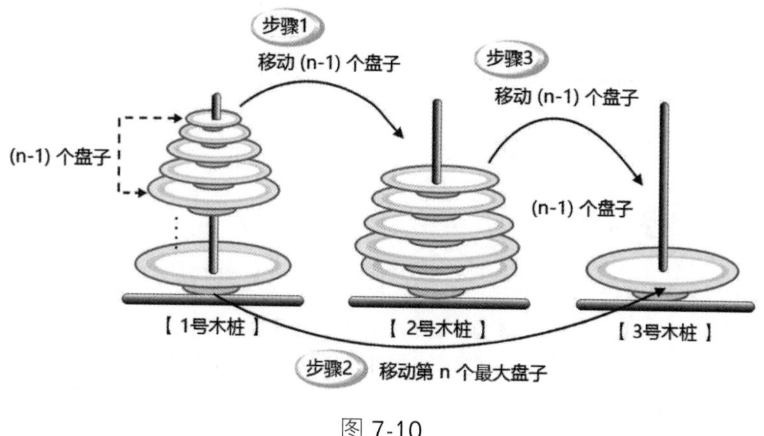

图 7-10

设计一个 Java 程序，以递归方式来设计汉诺塔解法，当用户输入要移动的盘子数量时，能输出所有移动的详细过程。

汉诺塔游戏

【范例程序：CH07_09.java】

```
package ch07;

public class CH07_09 {
    public static void main(String[] args){
            java.util.Scanner input_obj=new java.util.Scanner
            (System.in);
            int j;

            System.out.print("请输入盘子数量：");
         j=input_obj.nextInt(); // 输入盘子数量
            hanoi(j,1, 2, 3);      // 调用递归函数
    }

```

```
    static void hanoi(int n, int p1, int p2, int p3){
        if (n==1) // 递归出口
            System.out.printf("盘子从 %d 移到 %d\n",p1,p3);
        else{  // 反复执行过程
            hanoi(n-1, p1, p3, p2);
            System.out.printf("盘子从 %d 移到 %d\n",p1, p3);
            hanoi(n-1, p2, p1, p3);
        }
    }
}
```

执行结果 如图 7-11 所示。

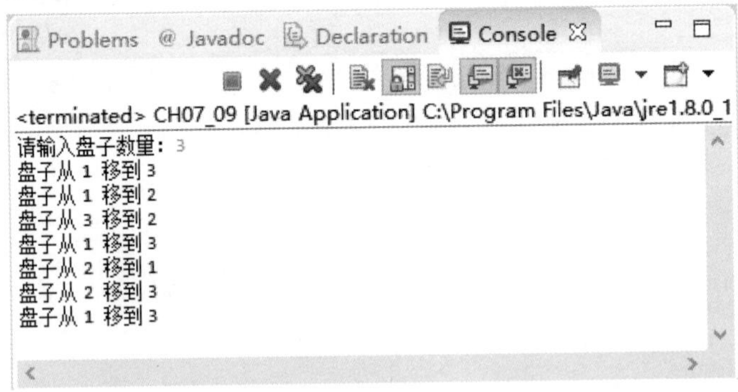

图 7-11

7.6 综合范例程序 2——万年历的设计

设计一个万年历的 Java 程序，包括一个判断某年是否为闰年的函数，以便让用户输入公元 1900 年后的年份和月份之后，就能打印出该月份的月历。（提示：公元 1900 年 1 月 1 日为星期一。）

万年历的设计

【范例程序：CH07_10.java】

```
package ch07;

public class CH07_10 {
```

```
    public static void main(String[] args){
          java.util.Scanner input_obj=new java.util.Scanner
           (System.in);
          int i,j,w;
        int year, month;
        int days[]={31,28,31,30,31,30,31,31,30,31,30,31};

        System.out.println("==============");
        System.out.print("请输入公元年份:");
        year=input_obj.nextInt();//输入年份

        if  (year >= 1900){
          System.out.print("请输入当年月份:");
          month=input_obj.nextInt();//输入月份
          System.out.println("==============");
            w=0;

            for(i=0;i<(year-1900);i++){
                if (leap_year(i+1900)==1)
                      w=(w+366)%7;
                else
                      w=(w+365)%7;
            } //加上每年的天数

            if (leap_year(year)==1)
                days[1]=29;
                else
                days[1]=28;//闰年判断方式

            for(i=0;i< month-1;i++)
                w=w+days[i]; //当年日期计算
            w=w%7;

            System.out.print("\n");
            System.out.printf("\t%d年%d月\n\n",
              year,month);
            System.out.print
```

```
        ("  一    二    三    四    五    六    日\n");

            for(j=1;j<=w;j++)
              System.out.print("    ");

              for(i=1;i<=days[month-1];i++){
                    System.out.printf(" %3d",i);
             if(i%7==(7-w)%7)
                 System.out.printf("\n"); // 周日换行
            }

              System.out.print("\n");
        }
        else
          System.out.print("请输入1900年以后的年份\n");
    }

    static int leap_year(int x) // 闰年判断函数
    {
        if(x % 4 !=0)
          return 0;

          else if(x % 100 ==0 && x % 400!=0 )
           return 0;
         else
              return 1;
    }
}
```

执行结果 如图 7-12 所示。

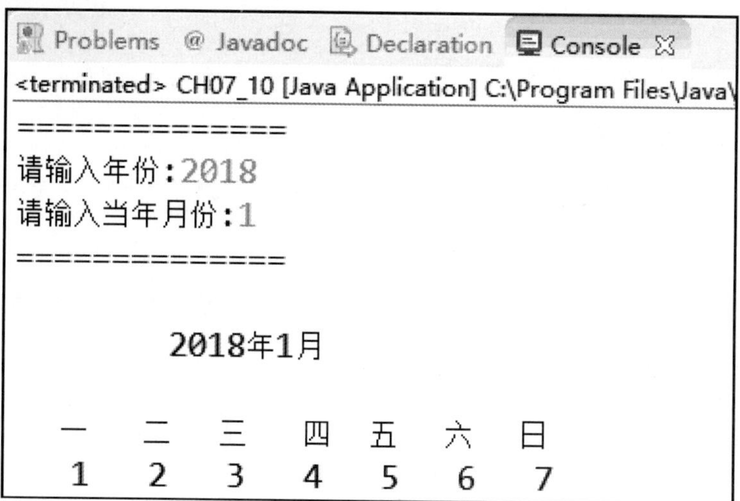

图 7-12

本章重点回顾

- 结构化程序设计就是将整个问题从上而下、由大到小逐步分解成较小的单元，这些单元称为模块（Module）。
- Java 中的函数是一种类的成员，在面向对象程序设计中被称为方法（Method）。
- Java 的方法有两种：一种是属于类的“类方法”（Class Method）；另一种则是对象的“实例方法”（Instance Method）。
- Java 的工具程序包可以用 import 导入的方式来声明，配合程序包名称就可以使用已事先定义的方法。
- 如果方法类型声明为 void，最后的 return 关键字就可以省略。
- 要调用 Java 类方法，可以直接以方法名称进行调用。
- 参数传递的方式可以分为“传值调用”（call by Value）与“传引用调用”（call by Reference）两种。
- 传值调用在方法中对参数的值进行任何更改都不会影响原来的自变量。
- 传引用调用表示在调用方法时，所传递给方法的参数值是变量的内存地址，对于自变量值的更改会连带影响共享地址的参数值。

- Java方法的参数传递会按不同数据参数类型而有不同的默认传递方式。
- 一个函数或程序区块是由自身所定义或调用的，就称为递归。
- 递归函数必备的两个条件：一个可以反复执行的过程；一个跳出反复执行过程的出口。
- Math 类中提供了许多运算方法，例如随机数、指数、三角函数、开根号等。
- Math 类中的方法都声明为静态（static），可以用“类名称 . 方法名称”的格式调用方法。

课后习题

填空题

1. ________的概念就是采用结构化分析方式把程序自上而下逐一分析，并将大问题逐步分解成各个较小的问题。

2. 若想将方法执行结果返回给调用的程序，我们可以使用________指令来完成这项工作。

3. 在 Java 语言中，函数（或过程）是一种类的成员，称为______。

4. Java 的方法有两种：一种是属于类的_______方法；另一种则是对象的_______方法。

5. Java 的工具程序包也同样以导入的方式来声明，使用关键字_____即可。

6. 使用 static 修饰词来声明表示类方法属于______方法。

7. ____调用表示在调用方法时会将自变量的值逐个复制给方法的参数。

8. ____函数的精神就是在函数自己内部调用自己。

9. ____类中提供了许多运算方法，例如随机数、指数、三角函数、开根号等。

10. Math 类中的_____方法会产生一个介于 0.0~1.0 的随机数字。

问答与实践题

1. 试简述 Java 语言方法中的参数传递有哪几种？

2. 试简述传值调用的作用与特性。

3. 试简述递归函数的意义与特性。

4. 自定义函数是由哪些元素组成的？

5. 在 Java 中的函数是一种类的成员，在面向对象的程序设计中被称为方法（Method），请问 Java 的方法可以分为哪两种？

6. 简要说明实际参数与形式参数两者之间的不同。

附　录

习题答案

第 1 章课后习题解答

填空题

1. Java 的每一行程序语句（statement）是以“;”作为结尾与分隔的。

2. 人工智能语言称为第 5 语言，或称为自然语言。

3. 面向对象程序设计方法中最主要的单元是对象，我们可以通过对象的外部行为及内部状态来进行详细的描述。

4. 使用高级语言能以更具结构化、更容易理解的方法来编写程序代码。

5. 机器语言使用连续的 1 与 0 来与计算机沟通。

6. 程序的错误可以分语法错误与逻辑错误两种。

7. 高级语言所编写的程序代码必须通过编译器或解释器“翻译”成计算机所认得的机器语言后，才可以直接被加载到计算机中执行。

问答与实践题

1. 什么是“集成开发环境”（Integrated Development Environment，IDE）？

解答：所谓集成开发环境，就是把有关程序的编辑（Edit）、编译（Compile）、运行（Run）与调试（Debug）等功能集成到同一个操作环境下，让用户只需通过此单个集成环境即可轻松实现程序的编写、编译、运行与调试。

2. 比较编译器与解释器两者间的差异性。

解答：编译（Compile）使用编译器（Compiler）来将程序代码“翻译”为目标程序（object code），编译时的源代码必须完全正确，编译才能成功。解释（Interpret）是使用解释器（Interpreter）对源代码进行逐行解释，每次解释和执行完一行程序代码后，才会解释下一行。若在解释的过程中发生错误，则解释操作会停止。

3. 简述程序语言发展演进过程的分类。

解答：第一代语言→机器语言、第二代语言→汇编语言、第三代语言→高级语言、第四代语言→非过程性语言、第五代语言→自然语言（Natural Language）。

4. 下面的程序语句是否为合法的程序语句？

```
System.out.println(我的 Hello World 程序！")
```

解答：不是，在 Java 程序设计中，每一行程序代码编写完毕后，必须在最后加入“;”分号以代表此行程序语句结束了。

5. 说明 main() 函数的作用。

解答：main() 是一个相当特殊的函数，代表着任何 Java 程序的进入点，也唯一且必须使用 main 作为函数名称。也就是说，当程序开始执行时，一定会先执行 main() 函数，而不管它在程序中的什么位置，因此 main() 又称为“主函数”。

6. 试举出至少 3 种 Java 语言的特性。

解答：Java 语言的特点包括简单性、例外处理、严谨性、跨平台性、多线程。

7. 试简述面向对象程序设计中继承的优点。

解答：继承除了可重复利用之前所开发过的类之外，最大的好处在于维持对象的封装性，因为继承时不容易改变已经设计完整的类，这样可以减少继承时类设计错误的发生。

8. 试简单描述面向对象程序设计封装的概念。

解答：封装是一种信息隐藏（Information Hiding）的重要概念，就是将对象的数据和实现的方法等信息隐藏起来，让用户只能通过方法（Method）来使用对象本身，而不能更改对象里所隐藏的信息。

第 2 章课后习题解答

填空题

1. Java 的浮点数又分为 float 单精度浮点数和 double 双精确度浮点数。
2. 正确的变量声明是由变量的数据类型加上变量名称与分号构成的。
3. 当想在程序中加入一个字符类型时，必须用单引号将字符引起来。
4. 写出下列转义字符的功能。

转义字符	功能
\n	换行
\t	水平制表符
\\	\（反斜杠）
\"	"（双引号）

问答与实践题

1. 什么是变量，什么是常数？

解答：变量（variable）代表计算机中一个内存的存储位置，它存储的数值可变动，因此被称为“变量”。而“常数”（constant）则是在声明要使用内存位置的同时就已经给予固定的数据类型和数值，在程序执行中不能再做任何变动。

2. 试简述变量命名必须遵守哪些规则。

解答：变量名称必须是由“英文字母”“数字”或者下画线“_”所组成的，不过开头的字符可以是英文字母或下画线，但不可以是数字，不可采用保留字或与函数名称相同的命名。

3. 说明以下转义字符的含义：

（a）\t （b）\n （c）\" （d）\' （e）\\

解答：

转义字符	说明
\t	水平制表符
\n	换行符
\"	显示双引号
\'	显示单引号
\\	显示反斜杠

4. 如何在设置浮点常数值时将数值转换成 float 类型？

解答：浮点数默认的数据类型为 double，因此在设置浮点常数值时，可以在数值后方加上“f”或“F”，将数值转换成 float 类型。

5. 以下程序代码的输出结果是什么？

```
printf("\"\\n 是换行符 \"\n");
```

解答："\n 是换行符 "。

6. Java 的正确变量声明方式有哪两种？

解答：Java 的正确变量声明方式是由数据类型加上变量名称与分号所构成的，第一种变量声明方式是先声明变量，再设置初始值；第二种变量声明方式是声明变量的同时赋予初始值。

7. Java 包括哪几种基本数据类型？

解答：在 Java 中共有整数、浮点数、布尔及字符 4 种基本数据类型。

8. 试简述转义字符的意义及功能。

解答：Java 语言中还有一些特殊字符无法直接使用键盘来输入，这时候必须在字符前加上“转义字符”（'\'），以通知编译器将反斜杠与后面的字符当成一个特殊字符，并代表着另一个新功能，我们称之为转义序列，例如范例程序中所使用的“\n”表示换行。

9. 根据功能说明填写正确的转义字符。

转义字符　说明

转义字符	说明
	水平制表符（Horizontal Tab）
	换行符（New Line）
	换页符（Form Feed）
	显示双引号（Double Quote）

解答：

转义字符	说明
\t	水平制表符（Horizontal Tab）
\n	换行符（New Line）
\f	换页符（Form Feed）
\"	显示双引号（Double Quote）

第 3 章课后习题解答

填空题

1. 赋值运算符会将它右侧的值指定给左侧的变量。
2. 位运算符分为位逻辑运算符与位位移运算符两种。
3. 表达式是由运算符与操作数所组成的。
4. ! 运算符（NOT）是一元运算符，会将比较表达式的结果求反输出。
5. 条件运算符(?:)是一种“三元运算符”，可以通过条件判断式的真假值来返回指定的值。

6. 复合赋值运算符是由赋值运算符（=）与其他运算符组合而成的。

7. 关系运算符主要用于比较两个数值之间的大小关系。

问答与实践题

1. 若 a=15，则“a&10”的结果是多少？

解答：因为 15 的二进制数为 0000 1111，10 的二进制数为 0000 1010，两者执行 AND 运算后，结果为 (0000 1010) 2，也就是 (10) 10。

2. 已知 a=b=5、x=10、y=20、z=30，计算 x*=a+=y%=b-=z/=3，最后 x 的值是多少？

解答：x=50。

3. 下面这个程序用于进行除法运算，如果想得到较精确的结果，请问当中有什么错误？

```
public static void main (String args [])
{
      int x = 13, y = 5;
      System.out.printf ("x /y = %f\n", x/y);
}
```

解答：浮点数的存储方式与整数不同，原程序将会得到结果 2，若要得到正确的结果，则必须将第 05 行改为：

```
float x = 13, y = 5;
```

4. 试说明 ~NOT 运算符的作用。

解答：NOT 是位运算符较为特殊的一种，因为只需一个操作数即可运算。执行结果是把操作数内的每一个二进制位求反，也就是原来的 1 值变成 0，而 0 值变成 1。

5. Java 中的“==”运算符与“=”运算符有什么不同？

解答：Java 中的相等关系是“==”运算符，而“=”则是赋值运算符，这种差异很容易造成程序代码编写时的疏忽，需多加留意。

6. 已知 a=20、b=30，计算下列各式的结果：

```
a-b%6+12*b/2
(a*5)%8/5-2*b
(a%8)/12*6+12-b/2
```

解答：200，-60，-3。

7. 以下程序代码的打印输出结果什么？

```
int a=5, b;
b=a+++a--;
System.out.printf("%d\n",b);
```

解答：11。

第 4 章课后习题解答

填空题

1.“结构化程序设计”的特色还包括 3 种流程控制结构：顺序结构、选择结构和重复结构。

2. 选择结构是利用条件判断表达式的结果来决定程序的执行流程。

3. 嵌套 if 语句是指 if 语句中还有 if 语句的情况。

4. if 条件判断表达式分为 if、if-else 和 if-else-if 3 种语句。

5. default 语句的使用可有可无，原则上可以放在 switch 语句区块内的任何位置。

问答与实践题

1. 下面这段代码段有什么错误？

```
01 if(y == 0)
02      System.out.print("除数不得为0\n");
03      System.out.print("============\n");
04 else
05      System.out.printf("%.2f", x / y);
```

解答：if与else之间有两条语句，属于复合语句，应该使用{}将第02行与第03行括起来。

2. 结构化程序设计分为哪3种基本流程结构？

解答：顺序结构、选择结构和重复结构。

3. 试说明 default 语句的作用。

解答：default 语句原则上可以放在 switch 语句区块内的任何位置，如果找不到符合的结果值，最后才会执行 default 语句，除非放在 switch 语句的最后，才可以省略 default 语句内的 break 指令，否则还是必须加上 break 指令。

4. 什么是嵌套 if 条件语句？

解答：在条件判断比较复杂的情况下，有时会出现 if 条件语句所包含的复合语句中又有另一层 if 条件语句。这样多层的选择结构就称作嵌套 if 条件语句。

5. switch 条件表达式的结果必须是什么数据类型？

解答：整数类型或字符类型。

6. 以下代码段哪里出了问题？试进行修改。

```
if(a < 60)
   if( a < 58)
   System.out.printf("成绩低于58分，不合格\n");
else
   System.out.printf("成绩高于60分，合格！");
```

解答：if 语句会寻找最接近的 else 语句配对，所以这个程序片段应该修改为：

```
if(a < 60)
{
     if( a < 58)
          System.out.printf("成绩低于58分，不合格\n");
}
else
     System.out.printf("成绩高于60，合格！");
```

7. 以下程序代码中的 else 语句用于配合哪一条 if 语句，试进行说明。

```
if (number % 3 == 0)
   if (number % 7 == 0)
      System.out.printf("%d是3与7的公倍数\n",number);
```

```
    else
        System.out.printf ("%d不是3的倍数\n",number);
```

解答：程序代码中的else乍看与最上层的if(number%3 ==0) 配对，但实际上是与if(number%7 == 0) 配对。

第5章课后习题解答

填空题

1. continue 指令与 break 指令的最大差异在于这个指令只是忽略本轮循环后续未执行的语句，但并未跳离该层循环。

2. 循环控制语句分为 for、while 和 do-while 三种。

3. for 循环必须设置“循环起始值”“结束条件”以及每执行完一次循环的递增或递减表达式。

4. 使用循环控制语句时，当条件判断表达式的结果恒成立时，会形成无限循环。

5. do-while 是一种后测型循环，这种循环会先执行一次循环程序语句区块，再测试条件判断表达式是否成立。

6. 当遇到嵌套循环时，break 指令只会跳离最近的一层循环体，而且多半会配合 if 语句来使用。

7. break 指令也可以使用 label 指令定义一段程序语句区块，然后通过 break 指令回到标号起始的指令位置。

问答与实践题

1. 试说明 while 循环与 do while 循环的差异。

解答：while 循环只有在条件判断表达式成立时才会执行，否则无法让循环体内的程序区块被执行。不过，do-while 循环体内的程序区块无论如何至少会被执行一次。

2. 试问下列程序代码中，最后 k 值为多少？

```
int k=10;
while(k<=25)
{
    k++;
}
```

解答：k 值会在此循环中一直累加到大于 25 才会离开，所以 k 值最后的答案会是“26”。

3. 下面的代码段有什么错误？

```
n=45;
do
   {
       System.out.printf("%d",n);
       ans*=n;
       n--;
}while(n>1)
```

解答：第 07 行有误，do while 循环最后必须使用分号作为结束。

4. 简述 for 循环的用法。

解答：for 循环中的 3 个表达式必须以分号“;”分开，而且一定要设置跳离循环的条件以及控制变量的递增或递减值。for 循环中的 3 个表达式相当具有弹性，可以省略不需要的表达式，也可以拥有一个以上的运算符子句。

5. 简述 break 指令与 continue 指令的最大差异。

解答：当 break 指令在嵌套循环中的内层循环，一旦执行 break 指令时，break 就会立刻跳出最近的一层循环体，并将控制权交给外层循环的下一行语句。continue 指令的功能是结束当前轮次的循环（跳过本轮循环后续未执行的程序区块），而将控制权转移到下一轮循环的开始处，重新执行下一轮循环。

6. 试比较下面两段循环程序代码的执行结果：

（a）

```
for(int i=0;i<8;i++)
{
 System.out.printf ("%d", i);

 if(i==5)
       break;
}
```

（b）

```
for(int i=0;i<8;i++)
{
 System.out.printf ("%d", i);

 if(i==5)
       continue;
}
```

解答：（a）输出 012345　（b）输出 01234567。

第 6 章课后习题解答

填空题

1. 数组是通过索引值来指出数据在数组（或内存）中的位置。

2. Java 语言提供了 Character 字符、String 字符串与 StringBuffer 字符串缓冲器 3 种类来处理字符和字符串的相关操作。

3. 在 Java 语言中，数组的索引值从 0 开始。

4. int[][] num=new int [4][6]; 这个数组将会有 24 个元素。

5. Java 采用的是 Unicode 编码，所以每个字符占用 2 个字节。

6. 在二维数组设置初始值时，为了清楚地分隔行与列，除了最外层的 {} 外，最好用 {} 括住每一行的元素初始值，并用 , 分隔每个数组元素。

问答与实践题

1. 字符串（String）类和字符串缓冲区（StringBuffer）类两者间的主要差异是什么？

解答：String 类不能更改已定义的字符串内容，而 StringBuffer 类则可以更改已定义的字符串内容。

2. 如何在 Java 声明一维数组的同时设置数组元素的初值？

解答：

```
数据类型 []  数组名 = new 数据类型 []{ 初始值 1, 初始值 2,…};
```

3. 下面的多维数组的声明是否正确？

```
int[][] A=new int[3][3] {{1,2,3},{2,3,4},{4,5,6}};
```

解答：不正确，Java 默认初值时不可以指定数组维数，必须修改成如下语句：

```
int[][] A=new int[][] {{1,2,3},{2,3,4},{4,5,6}};
```

4. 字符声明方式可分为哪两种，试简单说明。

解答：字符声明可分为基本数据类型声明方式和类类型声明方式两种：

```
char 变量名称 = '字符';              // 基本数据类型声明方式
Character 对象名称 =new Character('字符');      // 类类型声明方式
```

第 7 章课后习题解答

填空题

1. <u>模块化</u>的概念就是采用结构化分析方式把程序自上而下逐一分析，并将大问题逐步分解成各个较小的问题。

2. 若想将方法执行结果返回给调用的程序，我们可以使用 <u>return</u> 指令来完成这项工作。

3. 在 Java 语言中，函数（或过程）是一种类的成员，称为<u>方法</u>。

4. Java 的方法有两种：一种是属于类的类方法，另一种则是对象的<u>实例</u>方法。

5. Java 的工具程序包也同样以导入的方式来声明，使用关键字 <u>import</u> 即可。

6. 使用 static 修饰词来声明表示类方法属于<u>静态</u>方法。

7. <u>传值</u>调用表示在调用方法时会将自变量的值逐个地复制给方法的参数。

8. <u>递归</u>函数的精神就是在函数自己内部调用自己。

9. <u>Math</u> 类中提供了许多运算方法，例如随机数、指数、三角函数、开根号等。

10. Math 类中的 <u>random ()</u> 方法会产生一个介于 0.0~1.0 的随机数字。

问答与实践题

1. 试简述 Java 语言方法中的参数传递有哪几种？

解答：“传值调用”（call by Value）与“传引用调用”（call by Reference）两种。

2. 试简述传值调用的作用与特性。

解答：传值调用是指主程序调用函数的实际参数时，系统会将实际参数的数值传递并复制给函数中相对应的形式参数。由于函数内的形式参数已经不是原来的变量（形式参数额外分配了内存），因此在函数内的形式参数执行完毕时，并不会更改原先主程序中调用的变量内容。

3. 试简述递归函数的意义与特性。

解答：函数不单只是能够被其他函数调用的程序区块，在 Java 语言中也提供了函数自身调用自己的功能，就是所谓的递归函数。通常一个递归函数必备的两个条件如下：

（1）一个可以反复执行的过程。

（2）一个跳出反复执行过程的出口。

4. 自定义函数是由哪些元素组成的？

解答：是由函数名称、参数、返回值及其返回的数据类型所组成的。

5. 在 Java 中的函数是一种类的成员，在面向对象的程序设计中被称为方法（Method），请问 Java 的方法可以分为哪两种？

解答：一种是属于类的"类方法"（Class Method），另一种则是对象的"实例方法"（Instance Method）。

6. 简要说明实际参数与形式参数两者之间的不同。

解答：我们实际调用方法时所提供的参数通常简称为"自变量"或实际参数（Actual Parameter），而在方法主体所声明的参数常简称为"参数"或形式参数（Formal Parameter）。